海上埕岛油田海洋环境
条件及分析

杨宝山　编著

海洋出版社

2025 年·北京

图书在版编目(CIP)数据

海上埕岛油田海洋环境条件及分析 / 杨宝山编著.
北京：海洋出版社，2025.1. -- ISBN 978-7-5210
-1323-8

Ⅰ. X834

中国国家版本馆 CIP 数据核字第 202438PE58 号

审图号：GS 京(2024)2236 号

海上埕岛油田海洋环境条件及分析

HAISHANG CHENGDAO YOUTIAN HAIYANG HUANJING TIAOJIAN JI FENXI

责任编辑：苏　勤

责任印制：安　森

海洋出版社 出版发行

http://www.oceanpress.com.cn

北京市海淀区大慧寺路 8 号　邮编：100081

北京博海升彩色印刷有限公司印制　新华书店经销

2025 年 1 月第 1 版　2025 年 1 月北京第 1 次印刷

开本：787 mm×1092 mm　1/16　印张：11.25

字数：194 千字　定价：198.00 元

发行部：010-62100090　总编室：010-62100034

海洋版图书印、装错误可随时退换

前　言

海洋石油工业具有作业环境恶劣、地质条件复杂、设备设施和易燃易爆物质集中、发生事故后逃生施救困难等特点；同时面临自然灾害如台风、海浪、风暴潮、地震、海冰等的威胁，一旦发生事故，极易造成人员伤亡和重大财产损失，也会造成严重的生态污染事件，社会影响极大。

埕岛油区海域位于黄河三角洲东北部渤海浅海中，由于黄河三角洲的快速进积与高浓度泥沙的高速沉积，使作为油气开发工程地基的海底沉积物强度很低；由于黄河在这一带曾多次转移改道，使滩海浅地层三维结构十分紊乱；渤海无潮点之一就在本区，潮流强大，潮汐复杂；该区处于黄河入海口，滩涂广阔，坡度平缓，水深较浅，由于特殊的地形和地理位置，沿岸极易发生风暴潮；本区处在黄河三角洲东北部向海突出的位置上，毫无屏蔽地受到渤海北东向的强浪向的波浪直接冲击；黄河自 1976 年由本海域改道走清水沟流路以后，本区域泥沙供应来源断绝，海岸和水下岸坡遭到大幅度的侵蚀后退，大冲大淤，地形复杂且变化无常。这些因素使得本海区成为世界上海洋工程环境最复杂、最不稳定的典型海域之一，并存在潜在的海洋灾害。

在安全管理现状评估中，需要对目前胜利油田分公司海洋石油生产所在海域的海洋环境进行调查研究，分析海洋环境对安全生产的影响。

海洋环境分析是安全管理现状评估中的一个重要组成部分，其目的是以实事求是的科学态度，围绕海上生产安全要求，对埕岛海域的气象、水文、地质、地貌等进行科学分析，为中国石化海洋石油生产整体风险评估提供数据支撑，也为后期治理和增储扩能安全保障决策提供依据。

主要包括以下几个方面：

(1) 通过现有观测资料和收集整理的海洋环境资料，查清所在海区的环境状况（包括风、浪、潮、流、冰、水深、地形地貌等全环境数据）；

（2）收集整理的环境数据存在时态差异、不同数据编码体系、不同地图投影以及不同空间抽象程度，因此对这些数据进行质量控制、协调处理与整合，形成标准化报表；

（3）分析、归纳、总结埕岛海域海洋环境数据，明确海洋环境特征和演变情况；

（4）根据海洋工程设计要求，计算荷载相关参数；

（5）分析灾害性海洋气象过程统计特征和分布规律，灾害性天气各要素的相关性规律和对海上安全生产的影响，为中国石化海洋石油生产整体风险评估提供数据支撑和决策依据。

本书收集的资料内容十分丰富，范围广，时间跨度大，现时性强。数据主要来源于胜利油田海域自建 6 座岸边站和 5 座平台岸边站 2005—2022 年的观测资料，在此基础上我们参阅了自然资源部第一海洋研究所、中国海洋大学、自然资源部北海局北海预报中心、青岛海洋工程勘察设计研究院有限公司等单位调查资料，并对这些资料进行去粗取精、去伪存真、由此及彼、由表及里的加工和分析研究，并统一规范标准，统一计量单位，使本书能全面地、精确地反映黄河口附近海域的海洋环境状况。

本书不仅为黄河口海域的建设、管理、发展提供科学决策的依据，同时也可为该海域的其他海洋工程提供重要参考；对海洋科学研究和教学也有一定的参考价值。

杨金山

2024 年 4 月

目 录

第1章 海洋气象

1.1 资料来源及其引用情况

海域范围：本书海洋环境分析中所涉及海域指胜利海上埕岛油田海域。

资料来源及处理方法：收集胜利油田海域及附近气象资料包括：中心二号、黄河海港、埕北246A、东营站、孤东测站的气象观测资料。

胜利油田海域海区地域范围不大，地形变化较小，且对于降水、降雪、冻土、寒潮、台风、温带气旋等气象状况，使用岸上长期气象站观测资料即可对海上的上述气候特征有一定的代表性。因此采用收集的邻近气象站资料统计、分析上述气象因子的特征。

1.2 主要影响天气系统

1.2.1 天气气候特征

胜利油田海域位于黄河三角洲前缘，背陆面海，位于莱州湾西北部、渤海湾南部海域。这里滩涂广阔，坡度平缓，水深较浅。受欧亚大陆和西太平洋热带海洋气团的影响，属于暖温带大陆性季风气候。该海域春季干旱多风，冷暖多变；夏季炎热多雨，有时受台风侵袭；秋季气温下降，天高气爽；冬季天气干冷，寒风频吹，雨雪稀少。

年平均气温在 13.8℃，气温年较差较大。年降水偏少，有 624.5 mm，降水多集中于夏季，6、7、8 月份的降水量占全年降水量的 67.5%。冬季盛行偏北风，夏季盛行偏南风。

冬季主要受冷锋影响，如果影响前期有气旋或低压倒槽引导时，天气现象表现为降雪、大风、大浪、降温、海面结冰；春季主要为气旋或气旋引导的冷空气影响，秋季主要受极地大陆气团和减弱的西南暖湿气流影响，天气现象主要为降水、大风、大浪和风暴潮，有时也会有强对流天气；夏季主要受热带海洋气团或台风影响，如果有高纬度的冷空气南下，天气现象主要为雷暴、降水、大风、大浪，尤其是台风影响时的大风、大浪和风暴潮，破坏性极大。

1.2.2　寒潮

1.2.2.1　寒潮概况

寒潮是一种大范围的灾害性天气，是指来自高纬度地区的寒冷空气，在特定的天气形势下迅速加强并向中低纬度地区侵入，造成沿途地区剧烈降温、大风和雨雪天气。这种冷空气南侵达到一定标准的就称为寒潮。在不同国家和地区寒潮标准是不一样的。

根据中央气象台 2006 年制定的我国冷空气等级国家标准，寒潮是某一地区冷空气过境后，气温在 24 h 内下降 8℃以上，且最低气温在 4℃以下，或 48 h 内气温下降 10℃以上，且最低气温在 4℃以下，或 72 h 内气温连续下降 12℃以上，并且其最低气温在 4℃以下。若冷空气达不到这个标准，根据降温幅度的大小，又可划分为强冷空气、较强冷空气和弱冷空气活动过程。

寒潮是影响胜利油田海域重大的灾害性天气之一，多发生在秋末、冬季、初春时节，随它而来的不单是气温骤降、北风呼啸、冰天雪地的天气，还有低温冻害、大浪和风暴潮等严重的自然灾害。有时它能导致堤防损失、海港封冻，交通中断，威胁海上作业安全。究其原因：寒潮具有突发性特点，自起风到增强，往往间隔时间较短，风时长、方向性强，破坏力极大，对近海水位产生极大影响，引起近岸增减水现象。

寒潮大风存在明显的季节变化，风向以偏北风为主，其中东北大风的发生频率和风速都高于西北大风。

1.2.2.2　寒潮特征

1）寒潮影响路径

影响胜利油田海域的寒潮冷高压主要有四条移动路径：西北路、北路、西路和东路。

(1)西北路：冷高压自新地岛以东的喀拉海向东移到蒙古西部，或从欧洲北部经过乌拉尔山北部进入西西伯利亚平原到蒙古西部。然后经蒙古、华北影响山东。高压路径大多是西北—东南向，有时亦自蒙古东移经东北平原南下影响山东。

(2)北路：冷高压自泰梅尔半岛向东南移到蒙古西部，然后经蒙古东部到东北平原南下影响山东。

（3）西路：冷高压从欧洲南部东移，经我国新疆北部或蒙古西部，沿河西走廊、河套地区影响山东，或从蒙古西部向东南移，经河套北部影响山东。

（4）东路：冷高压自西伯利亚东部向南偏西方向移动，经贝加尔湖以东、蒙古东部和我国东北地区南下影响山东。这类冷空气出现次数少，但因冷空气源地寒冷（多在被称为"冷极"的雅库茨克附近），且距离山东较近，所以影响时降温特别剧烈。

2）寒潮影响时间分布

据1981—2012年统计资料显示胜利油田海域的寒潮天气主要出现在每年的秋末至翌年春初时段。选取东营市气象站1981—2012年每年11月至翌年4月的相关气象资料进行统计，东营市共发生寒潮138次，年平均4.31次，发生次数最多的月份为11月，其次为1月和12月，2月和春季的3月、4月出现寒潮的概率较小。东营站易发生寒潮月份的寒潮平均发生次数见表1-1。

表1-1 东营站各月寒潮发生平均次数

月份	11	12	1	2	3	4	全年
平均次数	1.12	0.82	0.86	0.52	0.47	0.52	4.31

在全球气候变暖的大背景下，近年来全国性寒潮天气频次整体呈减少趋势，内蒙古、华北和江淮地区寒潮频次减少明显。寒潮强度和频次的变化会受到全球气候背景以及不同时空尺度环流和外强迫因子的影响，年际变化悬殊较大。

全球变暖与寒潮频次和强度变化的关系很复杂，并不是全球变暖就再不会冷，在一定条件下反而可能更冷。寒潮的减少并不表示不会发生。只要寒潮到来，就会带来剧烈降温，并伴随出现低温、大风、雨雪天气。

1.2.3 温带气旋

1.2.3.1 温带气旋概况

温带气旋，是活跃在温带中高纬度地区的一种近似椭圆的斜压性的气旋。从结构上讲，温带气旋是一种冷心系统。从尺度上讲，温带气旋的尺度一般较热带气旋大，直径从数百千米至3 000 km不等，平均直径为1 000 km。

温带气旋是造成大范围天气变化的重要天气系统之一，一年四季都可出现，陆地和海洋均能生成，从生成、发展、锢囚到消亡整个生命史一般为 2~6 d。温带气旋及其锋面系统，受斜压不稳定驱动，能造成明显或激烈的天气现象，比如极端温度、极端强降水、强风暴和风暴潮等气象灾害，造成生命和财产的重大损失。温带气旋活动时常伴有冷空气的侵袭，降温、风沙、吹雪、霜冻、大风和暴雨等也随之而来。

进入我国近海的温带气旋主要出现再 23°N 以北的海域，我国大陆沿岸是气旋的主要生成地，气旋于高空气流的引导下到达海上，其中部分入海后会出现加强，带来强风、暴雨并伴随着低能见度的恶劣天气。对海上生产活动有严重的破坏性。影响埕岛油田海域的温带气旋源地主要有 3 类，分别为蒙古气旋、黄河气旋和江淮气旋。

(1)蒙古气旋，生成于蒙古人民共和国和我国的内蒙古自治区，气旋生成后向东南或东东南移动，途径渤海，主要影响渤海和黄海北部海区；

(2)黄河气旋，生成于我国河套附近或黄河下游，向东或东北移动，经过我国的渤海或黄海北部，转向东北，经朝鲜半岛进入日本海；或者从黄淮地区、山东半岛南部进入黄海，然后向东经朝鲜半岛北部进入日本海；

(3)江淮气旋，生成于淮河流域和长江中下游，东移进入黄海北部，入海后向东北方向移动，主要影响渤海和黄海。

发展强盛的温带气旋是海上灾害性天气系统之一，其破坏力不亚于台风，自 20 世纪 90 年代初至今，影响我国近海的温带气旋出现北移趋势。

1.2.4　台风

1.2.4.1　台风概况

1)台风概述

台风是热带气旋的一种。热带气旋是生成于热带或副热带洋面上，具有有组织的对流和确定的气旋性环流的非锋面性的天气尺度的涡旋的统称。其包括热带低压、热带风暴、强热带风暴、台风、强台风和超强台风。广义上来说，"台风"这个词并非一种热带气旋强度，将中心持续风速 17.2 m/s 或以上的热带气旋均称台风，有时台风甚至直接泛指热带气旋本身。

根据《热带气旋等级》国家标准(GB/T 19201—2006)，热带气旋划分为六个等级：热带低压、热带风暴、强热带风暴、台风、强台风和超强台风(表 1-2)。

表1-2　热带气旋等级划分

热带气旋	底层中心附近最大风速/(m/s)	底层中心附近最大风力/级
热带低压(TD)	10.8~17.1	6~7
热带风暴(TS)	17.2~24.4	8~9
强热带风暴(STS)	24.5~32.6	10~11
台风(TY)	32.7~41.4	12~13
强台风(STY)	41.5~50.9	14~15
超强台风(SuperTY)	≥51.0	≥16

2)台风灾害

台风具有突发性强、破坏力大的特点，是世界上最严重的自然灾害之一，台风的破坏力主要由强风、暴雨和风暴潮三个因素引起。

(1)强风。台风是一个巨大的能量库，其风速一般在17.2 m/s以上，甚至在60 m/s以上。

(2)暴雨。台风是非常强的降雨系统。一次台风登陆，降雨中心一天之中可降下100~300 mm的大暴雨，甚至可达500~800 mm。台风暴雨造成的洪涝灾害，是最具危险性的灾害。台风暴雨强度大，洪水出现频率高，波及范围广，来势凶猛，破坏性极大。

(3)风暴潮。风暴潮是当台风移向陆地时，由于台风的强风和低气压的作用，使海水向海岸方向强力堆积，潮位猛涨。风暴潮与天文大潮高潮位相遇，产生异常高潮位，导致潮水漫溢，海堤溃决，冲毁房屋和各类建筑设施，淹没城镇和农田，造成大量人员伤亡和财产损失。风暴潮还会引起海岸侵蚀、海水倒灌造成土地盐渍化等灾害。

1.2.4.2　北上影响胜利油田的台风

北半球的台风一般形成于副热带高压南侧，对于西北太平洋上的台风，当夏季副热带高压较强且西伸向我国东部地区时，台风往往来不及转向就在我国登陆，副热带高压主体偏东或较弱时，台风会在海上转向，并沿着副热带高压外围移动。

胜利油田位于中纬度地区，直接到达胜利油田海域的热带风暴极少，但受热带风暴的外围影响依然会造成大风、大浪、暴雨和风暴潮。

1)影响胜利油田的台风路径

影响胜利油田的台风路径主要有以下三类。

（1）登陆北上类：台风自菲律宾以东洋面直向西北移动，穿过台湾地区或其附近海面，在福州与温州之间登陆后继续北上，有时可到达山东。此类台风对山东影响很大，常造成大范围暴雨或特大暴雨，并伴有大风。

（2）登陆转向类：台风自菲律宾以东洋面直向西北移动，穿过台湾地区或其附近海面后，在厦门与温州之间登陆北上，并在28°N附近转向东北，经江苏入海。台风从西风槽前部北上转向，并与西风槽结合，影响山东可产生暴雨，并造成东南转东北大风。

（3）黄海西折类：经华东沿海海面北上的台风，在30°N以北折向西北方向移动，穿过山东半岛或在半岛东段擦过进入渤海，并再次在河北或辽宁登陆。此类台风进入黄海前的路径比较复杂，有的沿125°—130°E间径直北上，过30°N突然西折；有的在较高纬度洋面生成后向西北移动；有的在25°—30°N之间打转后向西北移动。台风进入黄海后常有明显的加速现象。此类台风大都出现在7—8月。

根据收集的资料，以7级风影响半径400 km计算，统计自1949年能够影响胜利油田海域的台风情况见表1-3。

表1-3　平均各月影响胜利油田海域热带风暴个数

月份	1月	2月	3月	4月	5月	6月	7月	8月	9月	10月	11月	12月	全年
热带风暴个数	0	0	0	0	0.02	0	0.30	0.63	0.15	0	0	0	1.1

由表1-3可见，影响胜利油田海域的热带风暴较少，平均每年1.1个，主要出现在5月、7月、8月和9月，其中以8月份出现较多，平均0.63个。该海域10月至翌年4月、6月没有热带风暴出现。

随着全球气温变暖的影响，海水温度也随之升高，副热带高压西伸北抬，台风有北移增强的趋势。影响胜利油田海域的台风频次明显增多，表1-4给出了2000年以来影响胜利油田海域的台风状况。

2018年7月23日至8月19日胜利海上油田连续受"安比""摩羯""温比亚"台风正面影响，2019年再受超强台风"利奇马"侵袭，台风强度之大，频次之高是绝无仅有的。台风影响路径见图1-1。

表1-4　2000年以来影响胜利油田海域的台风

名称	日期	降水	风级	极大波高/m
麦莎	2005年8月8日	大到暴雨	NE 8—9，阵风11	缺测

续表

名称	日期	降水	风级	极大波高/m
梅花	2011年8月7日	小雨	NE 5—6，阵风7	1.42
达维	2012年8月3日	暴雨到大暴雨	NE 8—9，阵风11	7.61
麦德姆	2014年7月25日	中到大雨	NE 7—8	3.16
安比	2018年7月23日	暴雨	NE 7—8，阵风9	3.27
摩羯	2018年8月15日	中到大雨	NE 9—10，阵风13	6.72
温比亚	2018年8月19日	特大暴雨	NE 9—10，阵风11	5.76
利奇马	2019年8月11日	特大暴雨	NE 9—10，阵风11	7.23
烟花	2021年7月29日	暴雨	NE 8—9，阵风10	3.05
梅花	2022年9月14日	中雨	NE 8—9	4.79

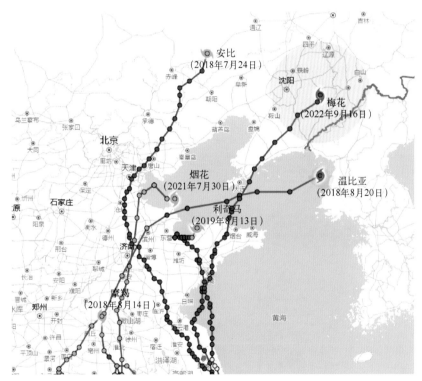

图1-1 2018—2022年影响胜利油田海域的台风路径

1.2.4.3 2000年以来影响胜利油田的较大台风

影响胜利油田海域的台风绝大部分出现在7月和8月，根据2000年以来历史资料统计，对本海域影响较大的台风共有8次，其中0509号"麦莎"、1210号"达维"、1814号"摩羯"和1818号"温比亚"、1909号台风"利奇马"均造成了不同程度的灾害。

（1）2005 年 9 号台风"麦莎"在浙江省玉环市登陆后继续北上，并以热带风暴的强度在莱州湾西南部再次入海，对胜利油田海域造成较大影响。台风"麦莎"距 CB25B 平台最近时仅 50 km，胜利油田桩西 106 井附近岸段约 2 km，水泥构件护堤被大浪严重冲击，海水越过护堤，造成堤内积水成泊，许多油井被淹；东营市刁口乡部分农田被淹。胜利油田海域出现东北风 8—9 级、阵风 11 级的狂风，极大波高 7 m，并伴随大到暴雨。

（2）2012 年 10 台风"达维"在江苏省响水县登陆，登陆后继续向西北方向移动，以热带风暴强度在滨州北部沿海一带再次入海。受"达维"影响，东营市受灾人口达 10.2 万人，损毁池塘养殖面积 4 730 hm²，水产养殖损失 31 532 t，破坏防波堤 31 km，造成直接经济损失 3 亿元。胜利油田海域出现东北风 8—9 级、阵风 11 级，极大波高 7.61 m，胜利油田海域出现暴雨到大暴雨的灾害性天气。

（3）2018 年 14 号台风"摩羯"在浙江温岭沿海登陆，8 月 13 日夜间在安徽涡阳县减弱为热带低压，14 日 5 时位于山东单县，并继续向偏北方向移动，后减弱为低压在渤海湾附近出海。受"摩羯"减弱后的低压和冷空气共同影响，狂风暴雨，使部分地区房屋倒塌，城市内涝，海水漫灌，出海船只遭遇风暴潮，船体倾斜遇险，山东省直接经济损失 3.83 亿元，河口区降水 45.5 mm。胜利油田海域出现东北风 8—9 级、阵风 13 级，8 级以上大风持续 22 h，10 级以上大风持续 6 h，出现近 20 年最大台风风速 37.3 m/s 大于 50 年一遇 34.2 m/s 的大风，极大波高 6.72 m，油区普降中到大雨。其移动路径和风向风速波高曲线如图 1-2 和图 1-3 所示。

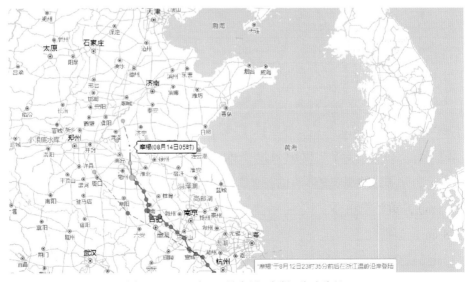

图 1-2　2018 年 14 号台风"摩羯"移动路径

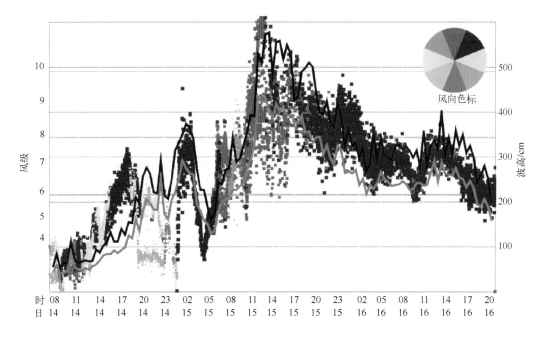

图 1-3　2018 年 14 号台风"摩羯"风向风速波高曲线

（4）2018 年 18 号台风"温比亚"在上海浦东新区登陆，登陆后继续向西北方向移动，于驻马店转向东北方向，于东营黄河海港东南附近出海。山东省 29.5 万人受灾，紧急转移安置 140 人；农作物受灾面积 3×10^4 hm^2，倒塌房屋 21 间。胜利油田海域出现东北风 9—10 级、阵风 11 级，极大波高 5.76 m，胜利油田海域普降特大暴雨，其中油田基地降水量达到 323.5 mm。

（5）2019 年 9 号超强台风"利奇马"在浙江温岭登陆，穿过江苏后进入黄海海域，后在青岛黄岛区沿海以热带风暴级第二次登陆，后在莱州湾南部出海。山东 165 万人受灾，5 人死亡，7 人失踪，由于风暴潮和近岸浪的影响，直接经济损失 21.63 亿元。胜利油田海域出现东北风 9—10 级、阵风 11 级，垦东出现超警戒水位 130 cm 的高潮位，极大波高 7.23 m，最大有效波高 4.65 m，胜利油区普降特大暴雨，是东营市有气象记录以来的最强降雨，其中油田基地降水量达到 374.7 mm。观测到的风暴增水：黄河海港站（194 cm）、龙口站（166 cm）、东营港站（156 cm），黄河海港站最高潮位达到当地红色警戒潮位，并超过当地红色警戒潮位 18 cm。道路受损情况和风向风速波高曲线如图 1-4 和图 1-5 所示。

图 1-4　山东省东营市河口区道路受损

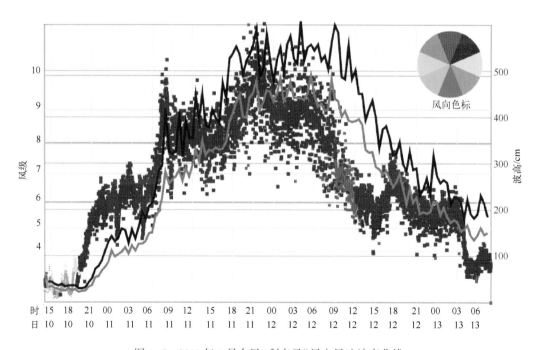

图 1-5　2019 年 9 号台风"利奇马"风向风速波高曲线

1.3 气温

气温由于受下垫面热力特征影响比较大，因此，海上气温与邻近陆上气温有一定差别。由于海水热容量大且太阳辐射可投射到深水层，再加上海浪、海流的湍流混合作用，形成了白天海面增温不大，夜间海面降温很小的保守型特点，即海上气温日变化小于陆上。但是，对于近岸海域，海上气温同时受陆上气温影响，因而兼有陆上气温变化的特点。

1.3.1 年平均状况

埕岛油田海域各月及全年平均气温列于表1-5中，图1-6绘出了气温的年变化曲线。

表1-5 各月及全年平均气温

月份	1	2	3	4	5	6	7	8	9	10	11	12	全年
最高温度/℃	2.5	5.8	13.1	20.3	26.5	30.2	31.3	30.1	26.7	20.8	12.5	4.5	18.7
平均温度/℃	-2.0	1.1	7.7	14.6	21.2	25.4	27.2	26.1	21.9	15.4	7.4	0.2	13.8
最低温度/℃	-6.4	-3.2	2.7	9.4	15.8	20.6	23.3	22.5	17.5	10.6	3.2	-3.7	9.4

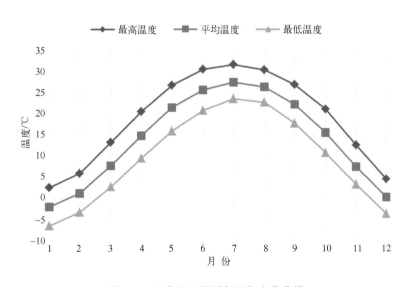

图1-6 埕岛油田海域气温年变化曲线

埕岛油田海域冬季气温较低，1月份平均温度最低，为-2.0℃，多年平均最低温度-6.4℃；春季气温回升很快，自3月份至5月份，平均气温由7.7℃升至21.2℃；夏季三个月温度变幅不大，6月、7月、8月的平均气温分别为25.4℃、27.2℃和26.1℃；7月份为全年最高温度，多年平均最高温度可达31.3℃；同样，秋季气温回降迅速，从9月份的21.9℃迅速下降到11月份的7.4℃。该区域全年平均温度为13.8℃，平均最高温度18.7℃，平均最低温度9.4℃。

1.3.2 气温极值

表1-6给出埕岛油田海域气温极值情况。

表1-6 埕岛油田海域气温极值年变化

月份	1	2	3	4	5	6	7	8	9	10	11	12	年
极高/℃	13.8	21.7	30.5	33.9	39	40.2	38.7	36.9	34.3	31.3	24.5	16.4	40.2
极低/℃	-17.5	-12	-7.5	-1.3	7.1	13	16.9	13.3	9.1	0.3	-8.2	-15.6	-17.5

该区域冬季极端最低气温曾降至-17.5℃，出现在2013年2月8日02时；夏季极端最高气温曾达到40.2℃，出现在2005年6月23日14时。其他各月气温极值详见表1-6。

1.3.3 冻土

冻土是指含有水分的土壤因温度下降到0℃或以下时而呈冻结的状态。按照土的冻结状态持续时间的长短，一般可分为短时冻土、季节冻土和多年冻土三种类型。

可以从联合国政府间气候变化专门委员会（IPCC）第五次评估报告中看出，全世界几乎所有地区都经历了升温过程，且持续升温。地球表面平均温度升高的同时大多数区域多年冻土层的温度也在相应升高，多年冻土面积不断减少。冻土的退化和消融过程会释放出大量的碳，从而进一步推动全球变暖的进程，对生态环境、建筑工程、交通运输等造成很大影响。

东营的冻土期有着显著的季节性特征，一般为整个冬季（12月至翌年2月）。东营站冻土始冻期最早为11月份，解冻期最晚为3月份，年平均冻土日为45 d，最多冻土日为2010年度的72 d，最少冻土日为2014年度的6 d。

东营站冻土的冻结一般从11月开始，最早始冻日出现在1997年11月17日，最晚始冻日出为 2008 年 1 月 13 日，其他年份的始冻日均出现在 12 月份；最早解冻日为 1999 年 1 月 21 日，最晚解冻日出现在 2005 年 3 月 5 日，其次为 2009 年 3 月 2 日，其他年份的解冻日均出现在 2 月份。

在 1994 年 11 月至 2016 年 3 月期间资料显示，最大冻土深度为 36 cm，出现的年度为 1994 年度；最大冻土深度最浅深度为 7 cm，出现的年度为 2014 年度。虽然 1999 年度、2002 年度和 2020 年度最大冻土深度出现回升，但整体下降趋势明显。最大冻土值从 1994 年度的 36 cm 到 2015 年的 15 cm，减少了 21 cm。

1.4 降水

1.4.1 降水

表 1-7 给出埕岛油田海域多年平均各月降水量情况，其中日降水量≥50 mm 称为暴雨日。

表 1-7 埕岛油田海域年平均各月降水量及全年分布

月份	1	2	3	4	5	6	7	8	9	10	11	12	全年
降水量/mm	3.0	8.9	9.4	28.0	58.9	83.9	152.4	185.1	42.8	23.4	21.4	7.3	624.5
暴雨日数/d	0.0	0.0	0.0	0.0	0.1	0.4	0.5	0.9	0.1	0.1	0.0	0.0	2.1
小时最大降水量/mm	4.2	5.8	3.2	12	32.3	57.8	34.6	57	35	9.3	10.8	2.5	57.8

由表 1-7 可见，该地区平均年降水量为 624.5 mm，降水主要集中在 6 月、7 月、8 月，这三个月降水量共计 421.4 mm，占全年降水量的 67.5%；最少降水量为 1 月、2 月、3 月、12 月，这四个月合计降水量为 28.6 mm，仅占全年降水量的 4.6%。暴雨主要出现在 8 月，平均 0.9 d；其次为 7 月，平均 0.5 d。该区域暴雨主要集中在夏季，最早出现在 5 月，最晚出现在 10 月，年平均暴雨天数 2.1 d，日最大降雨量 321.9 mm，为 2018 年 8 月 19 日"温比亚"台风影响期间。最大小时降雨量为 57.8 mm，出现在 2017 年 6 月 12 日 04 时。

1.4.2 降雪

降雪是降水的一种形式，表 1-7 中包含了降雪的贡献。东营市降雪初日最早为

10 月 5 日，最晚为 2 月 8 日，平均在每年的 12 月 3 日前后；降雪终日最早为 2 月 5 日，最晚为 4 月 10 日，平均在每年的 3 月 27 日前后。年均降雪天数 9.6 d，最多为 22 d，最少为 4 d。积雪日数为 8~16 d，累年最大积雪深度为 27 cm(1972 年 1 月 31 日，广饶县)。

1.5　海雾

1.5.1　类型与概况

海雾是指发生在滨海、岛屿上空或海上的低层大气的一种凝结现象，是悬浮于大气边界层中的大量水滴或冰晶使水平能见度小于 1 000 m 的危险性天气现象。按其形成机制可分为四类，即平流雾、混合雾、辐射雾和地形雾(表 1-8)。胜利油田海域主要以平流雾和混合雾为主。

表 1-8　海雾分类

类型		主要成因
平流雾	平流冷却雾	暖空气平流到冷海面上成雾
	平流蒸发雾	冷空气平流到暖海面上成雾
混合雾	冷季混合雾	冷空气与海面暖湿空气混合成雾
	暖季混合雾	暖空气与海面冷湿空气混合成雾
辐射雾	浮膜辐射雾	海上浮膜表面的辐射冷却成雾
地形雾	地形雾	地形的动力和热力作用产生的雾

雾的等级划分标准，按水平能见度距离划分为：轻雾、雾、大雾、浓雾和强浓雾(表 1-9)。

表 1-9　雾的等级划分标准

序号	等级	水平能见度
1	轻雾	1~10 km
2	雾	< 1 000 m
3	大雾	200~500 m
4	浓雾	50~200 m
5	强浓雾	< 50 m

海雾对海洋工程的影响主要表现在降低海上的能见度,对海上作业和船只航行产生重要影响。另外,海雾中含有氯离子,对海洋工程的钢筋有锈蚀破坏作用。

1.5.2 雾日月变化

雾日技术规定:凡一站至少一个时次出现能见度小于1 000 m的雾即定为该站有一个海雾日。把能见度不足1 000 m的海雾过程称为灾害性海雾。

选取中心一号、埕北30A和CB32测站资料,进行统计分析,雾日月变化见表1-10。海雾在胜利油田海域一年四季均有发生,全年平均雾日为27.5 d,冬季出现雾日数最多,共计8.5 d,春季次之为8.3 d,夏季7.7 d,秋季雾日数最少,只有3 d。其中以4月雾日最多,平均为4.3 d,1月、7月次之,为4 d,9月、10月雾日最少,均小于1 d。

表1-10 胜利油田海域雾日月变化

月份	1	2	3	4	5	6	7	8	9	10	11	12	全年合计
平均雾日	4	2	2.7	4.3	1.3	1	4	2.7	0.5	0	2.5	2.5	27.5

1.6 风

1.6.1 资料来源及处理方法

1.6.1.1 资料收集

风资料来源包括中心二号平台和孤东两个监测站点,站点资料情况详见表1-11,现场监测图如图1-7所示。

表1-11 站点资料表

站位	时间序列	经纬度	高度/m
中心二号	2000年10月至2006年9月 2007年4月至2020年9月	38°14′N, 118°49′E	30
孤东	2000年1—12月 2006年1月至2007年12月	37°55′N, 119°03′E	15

（1）中心二号平台：选取 2000 年 10 月至 2006 年 9 月、2007 年 4 月至 2020 年 9 月气象观测资料，时间序列长，连续性好，具有很强的代表性和可比较性。

（2）孤东站点：选取 2000 年 1—12 月以及 2006 年 1 月至 2007 年 12 月气象观测资料，用于中心二号平台在 2001 年、2006 年、2007 年期间部分月份缺测数据的补充。

图 1-7　现场监测图

1.6.1.2　资料处理方法

1）风速高度换算

工程中使用风速一般都是指 10 m 高处风速值，因此为了方便工程设计使用，需将观测风速换算到 10 m 高处。根据我国有关风荷载计算相关规范，高度低于 100 m 时风在近海面边界层呈对数分布，将 z m 高处实测风速 $U(z)$ 换算到 10 m 高风速的分布公式为

$$U_{10} = U(z)\ \frac{\ln\dfrac{10}{z_0}}{\ln\dfrac{z}{z_0}}$$

式中，z_0 代表海上粗糙长度，取 0.003 m。

根据上式将现场调查风速换算到 10 m 高处，在以下的资料分析中，均使用换算后的 10 m 高风速。另外，对收集的气象站数据，亦进行标准高度的换算。

2）阵风系数的求取

由于风速随时间变化，因而观测的风速往往是某一时段的平均值，这个时段的长度称为时距。一般来说，时距越短，相应的时速越大。我国规范规定 10 min 为时距标准值。将某一时距平均风速最大值与 10 min 平均风速之比称为阵风系数。

$$K = \frac{V_G}{\overline{V}}$$

式中，V_G 为阵风风速；$\overline{V}$ 为 10 min 平均风速；K 为阵风系数。

根据现场监测资料，求得阵风系数（表 1-12）。

表 1-12　阵风系数

时距	3 s	1 min	2 min	10 min	1 h
阵风系数	1.22	1.10	1.08	1	0.98

3）风速极值计算

在计算重现期多年一遇大风时，选用中心二号东南侧 20 km 处的孤东气象水文站资料。因该站位于海边，周边地势平坦，风向与海上风向基本一致，风速利用多年同一时间段内风速资料得到了相关关系：

$$V = V_0 \times 1.06$$

式中，V 代表推算海上风速；V_0 代表岸边实测风速。

1.6.2　风况分布特征

胜利油田海域地处我国渤海湾南部极浅海海域，为典型的季风区，风向具有明显的季风特征，冬半年盛行偏北风，夏半年盛行偏南风。

1.6.2.1　风速日变化

图 1-8 分别显示春夏秋冬四季风速日变化情况。可以看到，该海域总体上白天风速小于夜间，风速从 8 时起逐渐减小，春、秋、冬季在 15—16 时风速达到最小，分别为 5.02 m/s、4.84 m/s、4.93 m/s，夏季在 12—13 时风速最小，约 3.88 m/s，然后风速逐渐增大，后半夜达到最大。该海域夜间风速较为平稳，变化不大，春秋冬季约 5.6 m/s，夏季约 4.4 m/s。

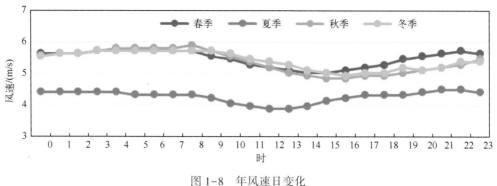

图 1-8　年风速日变化

1.6.2.2　各月及全年风向频率分布

表 1-13 给出了胜利油田海域各月及全年 16 个风向频率统计，图 1-9 给出了风向风速玫瑰图。该海域全年平均以 SSE 为常风向，年频率为 8.73%，次风向为正S，年频率为 8.63%，NNE 向风出现最少，年频率为 4.27%。

表 1-13　各月及全年风向频率分布(%)

月份	N	NNE	NE	ENE	E	ESE	SE	SSE	S	SSW	SW	WSW	W	WNW	NW	NNW	C
1	7.37	5.37	7.21	6.44	5.02	2.99	3.08	4.46	6.09	4.23	7.11	7.40	8.19	6.74	7.45	10.06	0.79
2	4.46	4.63	8.76	7.50	7.33	4.90	5.72	7.69	8.04	5.20	7.17	5.54	6.16	5.36	5.15	5.76	0.62
3	3.03	3.29	7.91	6.47	6.15	4.95	6.32	10.66	10.52	7.33	8.62	5.64	5.92	4.40	4.13	4.09	0.57
4	2.26	3.49	7.29	6.47	6.71	5.36	7.36	9.43	9.49	7.49	8.91	6.04	6.40	5.11	4.96	3.30	0.31
5	2.37	2.39	3.59	3.80	5.87	6.71	9.58	11.63	10.60	7.96	9.56	6.50	6.54	4.54	4.48	3.61	0.29
6	2.36	2.82	5.25	6.00	8.10	9.01	12.59	15.08	11.99	7.03	6.95	3.21	3.09	2.10	1.99	2.11	0.31
7	2.08	3.08	6.25	7.27	10.40	9.98	12.74	13.74	9.48	5.88	5.78	2.86	3.53	2.62	1.97	1.93	0.42
8	4.25	5.64	8.89	7.49	8.60	8.25	9.61	9.66	7.04	4.61	5.63	4.10	4.94	3.92	3.20	3.51	0.65
9	3.99	4.96	9.45	6.80	6.09	6.14	7.18	8.40	8.31	7.15	7.10	5.51	5.72	4.69	3.98	4.09	0.44
10	5.03	5.08	6.70	5.62	5.22	3.97	4.16	6.26	8.99	7.43	10.89	6.40	7.32	5.55	4.94	6.12	0.29
11	7.59	5.36	8.66	5.80	3.48	2.41	2.59	4.33	6.92	5.60	9.05	7.66	8.40	5.83	6.27	9.48	0.56
12	8.15	5.12	4.70	3.68	2.77	1.98	2.05	3.62	6.47	5.85	8.70	7.53	8.94	7.41	9.54	12.94	0.55
全年	4.42	4.27	7.05	6.10	6.29	5.53	6.88	8.73	8.63	6.32	7.96	5.71	6.28	4.87	4.86	5.61	0.49

注：C 为静风。

春季(3—5月)是冬季风向夏季风转换的季节，太阳辐射日益增强，随着气温升高，蒙古高压强度减弱，向西收缩，南方气旋活跃，偏北风频率不断减少，偏南风频率明显增加。SSE 为常风向，最高频率出现在 5 月达 11.63%，S 为次风向。另外，NE 从 3 月、4 月平均频率 7.91%、7.29% 下降到 5 月的 3.59%。

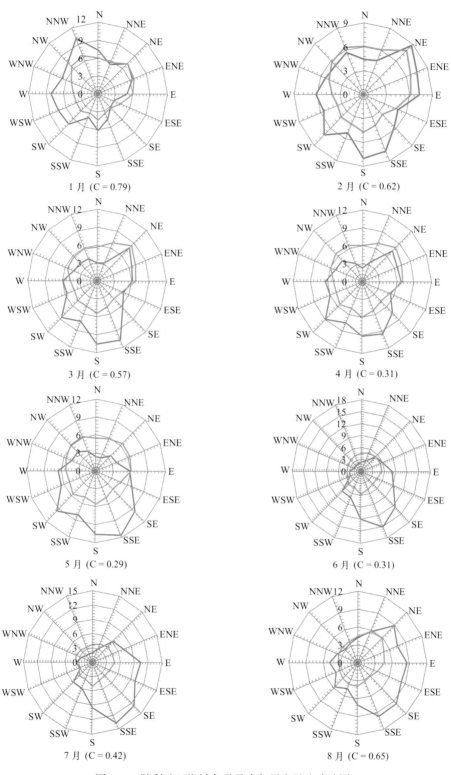

图1-9　胜利油田海域各月及全年风向风速玫瑰图

——频率(%)　——风速/(m/s)；C为静风

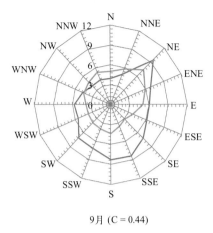

9月（C = 0.44）

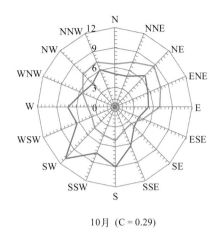

10月（C = 0.29）

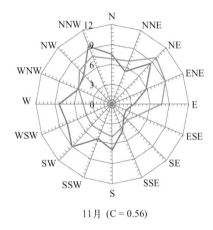

11月（C = 0.56）

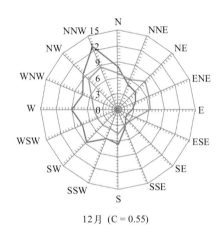

12月（C = 0.55）

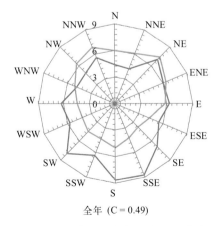

全年（C = 0.49）

图1-9　胜利油田海域各月及全年风向风速玫瑰图（续图）

—— 频率（%）　　—— 风速/（m/s）；C为静风

夏季(6—8月)由于副热带高压加强西伸,大陆上的蒙古高压已经减弱,该海域以偏南风为主,北风向出现的频率已经很小。SSE 为常风向,最高频率出现在 6 月达 15.08%,SE 为次风向,从 WNW 到 NNE 风向频率都很小。

秋季(9—11月)是夏季风向冬季风转换的季节,北风频率开始增加,9月常风向为 NE、SSE,10月常风向为 SW、S,到了 11月常风向为 NNW、SW。

冬季(12月至翌年2月),我国大陆受强大的蒙古冷高压控制,该海域多吹西北风,12月、1月常风向为 NNW,最高出现在 12月达 12.94%,2月份常风向为 NE,出现频率为 8.76%,次风向为 ENE,出现频率为 7.5%。

该海域静风频率较低,全年平均为 0.49%。

1.6.2.3 各月及全年平均风速分布

表1-14 给出了胜利油田海域各月及全年平均风速分布,图1-10给出了平均风速年变化。

表 1-14 各月及全年平均风速分布(m/s)

月份	N	NNE	NE	ENE	E	ESE	SE	SSE	S	SSW	SW	WSW	W	WNW	NW	NNW	平均
1	6.1	5.7	7.2	6.7	6.0	4.2	3.3	3.3	4.3	3.5	4.1	4.1	4.3	5.0	6.6	7.0	5.3
2	6.1	6.2	7.8	6.6	6.2	4.6	3.5	4.1	4.7	4.0	4.1	3.6	4.1	4.8	5.8	6.4	5.2
3	5.7	7.0	8.4	7.2	6.7	4.7	4.1	4.7	5.4	4.6	4.7	4.2	4.7	5.5	5.7	5.9	5.5
4	6.1	7.0	8.1	7.3	7.0	5.1	4.6	5.2	6.0	4.8	5.5	4.8	5.0	5.9	6.6	6.6	5.9
5	5.5	5.8	6.5	6.3	6.1	4.7	4.2	4.8	5.5	4.8	5.5	4.9	5.2	5.6	6.2	6.2	5.3
6	4.6	5.1	5.3	5.4	5.3	4.5	4.3	4.8	5.7	4.4	4.6	4.0	3.7	3.9	4.0	4.3	4.8
7	3.8	4.1	4.7	4.6	4.8	4.1	3.8	4.0	4.9	3.8	4.0	3.2	3.5	4.0	3.6	3.4	4.1
8	4.5	5.7	5.9	4.9	4.6	3.7	3.1	3.3	3.9	3.9	3.7	3.4	3.7	3.8	3.8	3.9	4.4
9	5.0	5.8	7.4	5.9	5.1	3.8	3.1	3.5	4.3	4.0	3.9	3.7	3.8	4.5	4.8	5.3	4.7
10	6.5	7.3	8.7	7.8	7.0	4.7	3.5	3.8	5.0	4.6	4.5	3.9	4.2	5.4	7.0	7.3	5.6
11	6.9	7.0	9.9	9.1	7.8	4.4	3.3	3.9	4.9	4.4	4.5	4.4	4.6	5.7	7.2	7.8	6.2
12	6.9	6.2	7.5	6.5	6.3	3.8	3.4	3.2	4.6	3.9	4.1	4.4	4.8	5.9	8.1	8.7	5.1
全年	6.0	6.2	7.4	6.4	5.8	4.3	3.8	4.2	5.0	4.3	4.5	4.1	4.4	5.1	6.3	6.9	5.2

由表1-14 和图1-10 可见,胜利油田海域全年平均风速为 5.2 m/s,以 NE 向风速最大,NNW 次之,分别为 7.4 m/s、6.9 m/s;SE 风最小,为 3.8m/s。

整体具有冬半年较大,夏半年较小的分布,各月平均风速以 11 月最大,为 6.2 m/s,其中 NE 向风速最大,可达 9.9 m/s,ENE 向风速次之,为 9.1 m/s;4 月平均风速次之,为 5.9 m/s,其中 NE 向风速最大,可达 8.1 m/s,ENE 向风速次

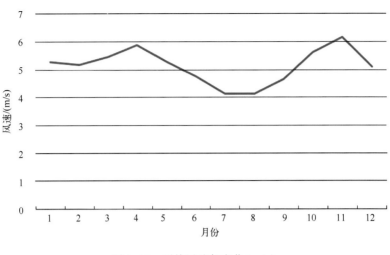

图1-10　平均风速年变化(m/s)

之，为7.3 m/s；7月和8月最小，平均风速为4.1 m/s，7月WSW向风速最小为3.2 m/s，8月SE向风速最小为3.1 m/s。

11月和4月为秋转冬和冬转春的季节转换时段，冷、暖气团势力不强但均有一定的活跃度，在40°N左右形成北高南低且相互配合的天气形势，易维持较长时间东到东北大风。在夏冬两季，基本由暖气团或冷气团单独作用形成偏南或偏北大风，但两次大风过程期间，则一般维持几天的稳定天气，风速很小，其平均风速也就较小。

1.6.2.4　大风风况

1)6级以上大风

6级以上大风是指风速大于10.8 m/s的大风。大风日是指当天只要出现一次以上6级以上大风，当日即称为大风日。大风日数是大风日的天数。强风向是指大风出现频率最多的方向。

表1-15给出了胜利油田海域各月6级以上大风日数和小时数，表1-16给出了胜利油田海域各月各风向6级以上大风频率分布。

由表1-15可见，该海域各月份均有可能出现6级以上大风，平均每年6级以上大风天气146.0天次。从大风日数来看，4月6级以上大风日数最多，为17.0天次，其次为5月和3月，分别为15.1天次和14.7天次，7月、8月、9月6级以上大风日数较少，分别为7.6天次、7.5天次、8.6天次。6级以上大风最长持续15

天次，出现在 2007 年 5 月。6 级以上大风最长持续 102 h，出现在 2009 年 11 月。

由表 1-16 可见，该海域 11 月、12 月、10 月 6 级以上大风频率较高，分别为 17.72%、16.25%、13.66%，7 月、6 月、8 月 6 级以上大风频率较低，分别为 2.14%、3.67%、4.12%，说明该海域秋冬季节大风时间较多，夏季大风时间较少。全年来看，强风向为 NE 向，次强风向为 NNW、ENE、NW、E 向；大风出现最少的风向为 SE、SSW、WSW、SSE、W。具体各月各风向 6 级以上大风频率分布详见表 1-16。

表 1-15　胜利油田海域各月 6 级以上大风日数和小时数

≥6级	1月	2月	3月	4月	5月	6月	7月	8月	9月	10月	11月	12月
平均天次	13.1	11.0	14.7	17.0	15.1	10.5	7.6	7.5	8.6	12.3	14.1	14.5
最长持续天次	7	8	13	11	15	5	4	4	6	5	7	10
平均持续小时数/h	30.1	23.1	20.9	20.4	17.1	9.1	8.8	17.8	23.8	28.4	37.4	34.5
最长持续小时数/h	61	50	63	38	31	14	15	41	34	41	102	65

表 1-16　胜利油田海域各月各风向 6 级以上大风频率分布（%）

月份	N	NNE	NE	ENE	E	ESE	SE	SSE	S	SSW	SW	WSW	W	WNW	NW	NNW	总和
1	1.31	0.65	2.11	1.41	0.78	0.13	0.03	0.01	0.04	0.02	0.03	0.03	0.16	0.51	1.62	2.48	11.30
2	0.86	0.84	2.97	1.46	1.19	0.27	0.02	0.10	0.20	0.01	0.03	0.03	0.05	0.28	0.76	1.24	10.30
3	0.36	0.80	3.06	1.69	1.24	0.21	0.11	0.24	0.57	0.11	0.13	0.07	0.15	0.35	0.40	0.58	10.09
4	0.31	0.76	2.42	1.59	1.36	0.36	0.28	0.54	0.91	0.14	0.53	0.33	0.26	0.54	0.89	0.68	11.91
5	0.29	0.36	0.72	0.64	0.67	0.17	0.16	0.28	0.55	0.22	0.76	0.23	0.43	0.36	0.59	0.54	6.97
6	0.11	0.22	0.36	0.46	0.52	0.21	0.19	0.32	0.79	0.13	0.14	0.05	0.05	0.02	0.04	0.08	3.67
7	0.07	0.07	0.29	0.26	0.35	0.16	0.16	0.12	0.30	0.05	0.09	0.01	0.03	0.04	0.05	0.07	2.14
8	0.19	0.71	1.44	0.68	0.48	0.05	0.01	0.04	0.07	0.15	0.05	0.04	0.04	0.02	0.05	0.09	4.12
9	0.34	0.85	2.96	1.15	0.62	0.15	0.03	0.03	0.21	0.09	0.09	0.10	0.09	0.20	0.23	0.44	7.58
10	0.97	1.45	2.76	1.93	1.39	0.36	0.08	0.05	0.27	0.20	0.21	0.11	0.11	0.62	1.37	1.80	13.66
11	1.53	1.34	4.44	2.60	1.14	0.12	0.03	0.08	0.22	0.07	0.23	0.14	0.32	0.61	1.71	3.13	17.72
12	1.87	0.82	1.59	0.85	0.58	0.02	0.01	0.02	0.32	0.00	0.15	0.17	0.25	0.69	3.45	5.46	16.25
全年	0.69	0.74	2.09	1.22	0.86	0.19	0.09	0.15	0.37	0.10	0.20	0.11	0.16	0.36	0.94	1.39	9.65

2）8 级以上大风风况

8 级以上大风是指风速大于 17.2 m/s 的大风。大风日数、大风频率、强风向定义如前文所述。

表 1-17 给出了胜利油田海域各月 8 级以上大风日数和小时数，表 1-18 给出了胜利油田海域各月各风向 8 级以上大风频率分布。

由表 1-17 可见，胜利油田海域各月份均有可能出现 8 级以上大风，平均每年 8 级以上大风天气 26.8 天次。从大风日数来看，11 月 8 级以上大风日数最多，为 4.0 天次，其次为 12 月和 10 月，分别为 3.7 天次和 3.4 天次，7 月、8 月 8 级以上大风日数较少，分别为 1.0 天次、1.2 天次。8 级以上大风最长持续 5 天次，出现在 2010 年 12 月，8 级以上大风最长持续 50 个 h，出现在 2015 年 11 月。

由表 1-18 可见，该海域 11 月、10 月、12 月 8 级以上大风频率较高，分别为 3.23%、1.84%、1.74%，7 月、6 月、5 月 8 级以上大风频率较低，分别为 0.06%、0.10%、0.32%。全年来看，强风向为 NE 向，次强风向为 ENE、NNW、NW 向；其他风向频率接近 0%。具体各月各风向 8 级以上大风频率分布详见表 1-18。

表 1-17　胜利油田海域各月 8 级以上大风日数和小时数

≥8级	1月	2月	3月	4月	5月	6月	7月	8月	9月	10月	11月	12月
平均天次	1.9	1.8	2.9	2.5	1.6	1.4	1.0	1.2	1.4	3.4	4.0	3.7
最长持续天次	3	2	3	2	2	2	2	2	2	4	4	5
平均持续小时数/h	4.8	6.9	6.9	5.9	3.2	1.4	1.3	4.7	5.9	7.2	12.7	8.8
最长持续小时数/h	21	17	32	18	13	5	6	26	14	22	50	29

表 1-18　胜利油田海域各月各风向 8 级以上大风频率分布(%)

月份	N	NNE	NE	ENE	E	ESE	SE	SSE	S	SSW	SW	WSW	W	WNW	NW	NNW	总和
1	0.02	0.10	0.18	0.05	0.03	0.00	0.00	0.00	0.00	0.00	0.00	0.00	0.00	0.02	0.14	0.05	0.60
2	0.02	0.07	0.57	0.16	0.05	0.00	0.00	0.00	0.00	0.00	0.00	0.00	0.00	0.00	0.02	0.05	0.96
3	0.03	0.20	0.57	0.17	0.13	0.00	0.00	0.00	0.00	0.00	0.00	0.00	0.00	0.02	0.00	0.01	1.13
4	0.05	0.22	0.58	0.19	0.08	0.00	0.00	0.00	0.01	0.02	0.00	0.00	0.00	0.02	0.01	0.03	1.22
5	0.00	0.01	0.11	0.11	0.04	0.00	0.00	0.00	0.00	0.00	0.00	0.01	0.00	0.00	0.01	0.02	0.32
6	0.00	0.01	0.01	0.01	0.01	0.01	0.00	0.00	0.02	0.00	0.00	0.00	0.00	0.01	0.01	0.01	0.10
7	0.01	0.00	0.00	0.02	0.00	0.00	0.00	0.00	0.00	0.00	0.00	0.00	0.00	0.00	0.00	0.01	0.06
8	0.06	0.32	0.23	0.03	0.02	0.00	0.00	0.00	0.00	0.00	0.00	0.00	0.00	0.00	0.00	0.01	0.68
9	0.01	0.05	0.50	0.20	0.08	0.00	0.00	0.00	0.00	0.00	0.00	0.00	0.00	0.00	0.02	0.01	0.86
10	0.02	0.17	0.73	0.18	0.19	0.00	0.00	0.00	0.00	0.00	0.00	0.00	0.01	0.08	0.24	0.23	1.84
11	0.01	0.08	1.46	0.57	0.24	0.00	0.00	0.00	0.00	0.00	0.00	0.00	0.04	0.14	0.35	0.32	3.23
12	0.06	0.03	0.18	0.13	0.11	0.00	0.00	0.00	0.00	0.00	0.00	0.00	0.00	0.00	0.44	0.79	1.74
全年	0.03	0.11	0.42	0.15	0.08	0.00	0.00	0.00	0.00	0.00	0.00	0.00	0.00	0.02	0.10	0.13	1.05

3）10 级以上大风风况

10 级以上大风是指风速大于 24.5 m/s 的大风。大风日数、大风频率、强风向定义如前文所述。

表 1-19 给出了胜利油田海域各月 10 级以上大风日数和小时数。由表 1-19 可见平均每年 10 级以上大风天气 2.2 天次。从大风日数来看，5 月、8 月受短时雷雨天气影响 10 级以上大风日数最多，为 0.4 天次；其次为 10 月，为 0.3 天次；1 月、2 月 10 级以上大风日数均为 0.0 天次。10 级以上大风最长持续 2 天次，10 级以上大风最长持续 5 h，出现在 2019 年 8 月受 9 号台风影响期间。

表 1-19　胜利油田海域各月 10 级以上大风日数和小时数

≥10 级	1 月	2 月	3 月	4 月	5 月	6 月	7 月	8 月	9 月	10 月	11 月	12 月
平均天次	0.0	0.0	0.2	0.2	0.4	0.1	0.1	0.4	0.2	0.3	0.2	0.1
最长持续天次	0	0	2	2	2	1	2	2	1	2	2	1
平均持续小时数/h	0.0	0.0	0.2	0.4	0.3	0.0	0.1	0.8	0.2	0.2	0.2	0.2
最长持续小时数/h	0	0	3	4	2	0	1	5	1	2	2	2

2005—2022 年中心二号平台出现的极大风速为 37.3 m/s，共有 9 年出现 11 级以上大风（表 1-20）。

表 1-20　中心二号平台逐年大风风速（m/s）

年份	2005	2006	2007	2008	2009	2010	2011	2012	2013
3 s	34.6	25.2	25.4	24.2	28.5	25.2	23.5	26.1	27.1
10 min	28.4	20.6	20.8	19.8	23.4	20.7	19.3	21.4	22.2

年份	2014	2015	2016	2017	2018	2019	2020	2021	2022
3 s	26.7	28.9	24.9	24.6	37.3	28.8	29.2	31.4	28.0
10 min	21.9	23.7	20.4	20.2	27.7	23.6	24.1	26.9	23.4

1.6.3　重现期计算

（1）多年一遇大风风速是海上工程设计的重要参数，根据站点资料，统计出 2001—2022 年胜利油田海域海上风速极值（表 1-21）。

（2）按照年度、冬季和夏季极值情况进行多年（重现期：20 年、30 年、50 年、100 年）一遇大风风速推算，同时利用表 1-12 不同时距的阵风系数求出不同时距的多年一遇大风，作为工程设计中推荐使用参数。

表 1-21　胜利油田海域多年风速极值序列(m/s)

年份	2001	2002	2003	2004	2005	2006	2007	2008	2009	2010	2011
全年	23.5	25.4	27.7	25.8	34.6	28.8	26.4	26.7	31.5	27.9	26.0
冬季	23.5	25.4	27.4	20.8	23.8	28.6	26.4	26.7	30.3	26.8	26.0
夏季	23.1	23.1	27.7	25.8	29.0	28.8	24.8	24.5	31.5	27.9	25.2
年份	2012	2013	2014	2015	2016	2017	2018	2019	2020	2021	2022
全年	28.9	30.0	29.5	31.9	27.5	27.2	37.3	31.8	30.3	31.4	28.1
冬季	25.2	29.8	29.5	30.0	27.5	27.2	27.1	27.3	30.3	27.2	28.1
夏季	28.9	30.0	26.5	31.9	27.2	24.1	37.3	31.8	29.6	31.4	27.2

由表可见，该海域百年一遇 10 min 平均最大风速为 28.5 m/s，3 s 瞬时风速最大可达 34.2 m/s。其他多年一遇风速值详见表 1-22 至表 1-24。

表 1-22　胜利油田海域多年一遇大风风速(全年，m/s)

全年	20 年	30 年	50 年	100 年
3 s	32.6	33.0	33.4	33.9
1 min	29.9	30.3	30.6	31.1
2 min	28.6	29.4	29.8	30.2
10 min	27.2	27.5	27.8	28.3
1 h	26.6	27.0	27.3	27.7

表 1-23　胜利油田海域多年一遇大风风速(冰期，m/s)

冬季	20 年	30 年	50 年	100 年
3 s	29.8	30.1	30.4	30.7
1 min	27.3	27.6	27.9	28.1
2 min	26.1	26.8	27.1	27.4
10 min	24.8	25.1	25.3	25.6
1 h	24.3	24.6	24.8	25.1

表 1-24　胜利油田海域多年一遇大风风速(非冰期，m/s)

夏季	20 年	30 年	50 年	100 年
3 s	32.6	33.0	33.5	34.2
1 min	29.9	30.3	30.7	31.4
2 min	28.6	29.4	29.9	30.5
10 min	27.2	27.5	27.9	28.5
1h	26.6	27.0	27.4	27.9

第2章 海洋水文

2.1 资料来源及其引用情况

选用黄河海港 2005 年 1 月 1 日至 2022 年 12 月 31 日，孤东 59 井 2005 年 1 月 1 日至 2022 年 12 月 31 日气象海洋数据资料及《中国海洋灾害公报》和《中国海平面公告》中的数据。

2.2 海水表面温度

渤海是一个半封闭陆架浅海，海底地势自西北向东南倾斜，水深较浅，表层水温受大陆气候影响显著。冬季太阳辐射能小，表层水温较低；夏季太阳高度角最大，海洋吸收太阳的辐射能多，海面温度升高。

胜利油田海域地处中纬度地区，属于温带季风气候，季节分明，水深较浅，受大陆气候的变化影响较大，水温变化剧烈。冬季盛行偏北风，冷空气频繁入侵，极有利于水温急剧下降，夏季盛行偏南风，有利于表面海水增温。

根据黄河海港站 2013—2022 年海水表面水温资料统计分析，胜利油田海域表层水温具有明显的季节性变化。各月及全年表层水温平均温度见表 2-1，月平均表层水温以 1 月份最低，为 0.3℃，8 月份最高，为 27.3℃。极低温度出现在 2 月，达-5℃，极高温度出现在 8 月，达 30.1℃(表 2-2)。

表 2-1 黄河海港测站各月及全年表层水温平均温度(℃)

月份	1	2	3	4	5	6	7	8	9	10	11	12	全年
最高温度	1.1	1.5	6.7	12.8	19.1	23.8	27.1	28.1	24.6	18.4	10.8	4.1	14.8
平均温度	0.3	0.6	5.1	11.0	17.5	22.5	25.9	27.3	24.0	17.7	10.5	3.3	13.8
最低温度	−0.1	0.3	4.8	10.7	17.0	22.2	25.5	27.1	23.8	17.4	9.9	2.8	13.4

表 2-2 黄河海港测站表层水温极值年变化(℃)

	1	2	3	4	5	6	7	8	9	10	11	12	全年
极高温度	5.9	4.4	15.5	17.3	22.3	27.5	29.4	30.1	27.3	24.3	15.2	9.8	30.1
极低温度	−4.5	−5	−0.9	4.5	12.4	19	22.7	23.6	17.5	9.1	−0.5	−1.9	−5.0

2.3 海浪

2.3.1 资料来源和资料处理方法

2.3.1.1 资料收集

波浪资料来源主要包括中心二号、CB32 平台 SYB2 声学测波仪。观测资料时间序列长，连续性好，具有很强的代表性和可比较性。

站点资料情况详见表 2-3，现场监测图如图 2-1 所示。

表 2-3 站点资料表

站位	时间序列	经纬度	水深/m
中心二号	2009 年 12 月至 2015 年 5 月 2015 年 11 月至 2022 年 12 月	38°14′N，118°49′E	12
CB32	2015 年 11 月至 2022 年 12 月	38°26′N，118°99′E	18

图 2-1 固定式声学测波仪

2.3.1.2 资料处理方法

在计算重现期设计波浪时，根据《港口与航道水文规范》(JTS 145—2015)(2022版)的规定应有工程海区或附近海洋水文观测站累积超过 20 年的连续波浪观测资料，据此得到特征波波列，用概率分析法求得分布规律，再计算重现期设计波浪。首先利用 2009 年 12 月到现在的十余年波浪资料以及该工程海域风场资料，建立本海区的最优化的风-浪关系预报，然后对 2000—2009 年进行波浪要素后报，进而利用相关概率分析方法推算不同重现期的设计波浪。

2.3.2 一般海浪状况

胜利油田海上油区位于我国半封闭的渤海西南部极浅海海域，渤海海峡以东，外海大浪不易侵入，所以该海域的海浪主要是渤海上的风生浪，具有生成快、消失快，波周期 10 s 以上大浪很少出现等特点。受渤海海上明显的季风变化规律影响，波浪同样具有明显的季节和年际变化。

根据实测资料分析工程区实测波浪状况，描述各站位波高和波周期及波向统计特征，绘制波浪玫瑰图，分析强浪向与常浪向。

2.3.2.1 各波向频率分布

根据波高大小和方向分别进行统计，波向分 16 个方位（波向根据风向确定），并绘制了波浪玫瑰图。表 2-4 给出了全年各波向频率统计，图 2-2 至图 2-4 给出了各月、各季和全年的波浪玫瑰图。波高统计间隔为 0.5 m。

表 2-4 全年各波向频率分布

波高 /cm	波向频率（%）																
	N	NNE	NE	ENE	E	ESE	SE	SSE	S	SSW	SW	WSW	W	WNW	NW	NNW	合计
<50	0.63	1.40	2.53	2.58	3.42	4.89	6.25	7.14	7.96	6.29	5.86	5.02	3.53	2.58	1.82	1.03	62.94
[50, 100)	0.64	1.19	2.09	1.82	1.68	1.33	1.01	1.23	1.35	0.67	0.92	1.66	1.64	1.83	1.66	1.27	21.99
[100, 150)	0.50	0.84	1.27	1.10	0.65	0.28	0.15	0.08	0.09	0.05	0.04	0.08	0.19	0.69	1.02	1.03	8.07
[150, 200)	0.24	0.47	0.93	0.52	0.16	0.03	0.01	0.01	0.02	0.00	0.01	0.02	0.26	0.51	0.72	3.93
[200, 250)	0.08	0.23	0.59	0.22	0.02	0.01	0.00	0.00	0.01	0.00	0.00	0.01	0.08	0.20	0.29	1.73
[250, 300)	0.01	0.17	0.40	0.11	0.01	0.00	0.00	0.00	0.00	0.00	0.00	0.02	0.04	0.04	0.80
[300, 350)	0.00	0.08	0.24	0.06	0.01	0.00	0.00	0.00	0.00	0.00	0.00	0.01	0.00	0.00	0.40
[350, 400)	0.00	0.03	0.08	0.02	0.00	0.00	0.00	0.00	0.00	0.00	0.00	0.00	0.00	0.00	0.13
≥400	0.00	0.00	0.01	0.00	0.00	0.00	0.00	0.00	0.00	0.00	0.00	0.00	0.00	0.00	0.02
合计	2.10	4.42	8.14	6.44	5.94	6.54	7.42	8.47	9.44	7.02	6.84	6.77	5.39	5.45	5.24	4.38	100

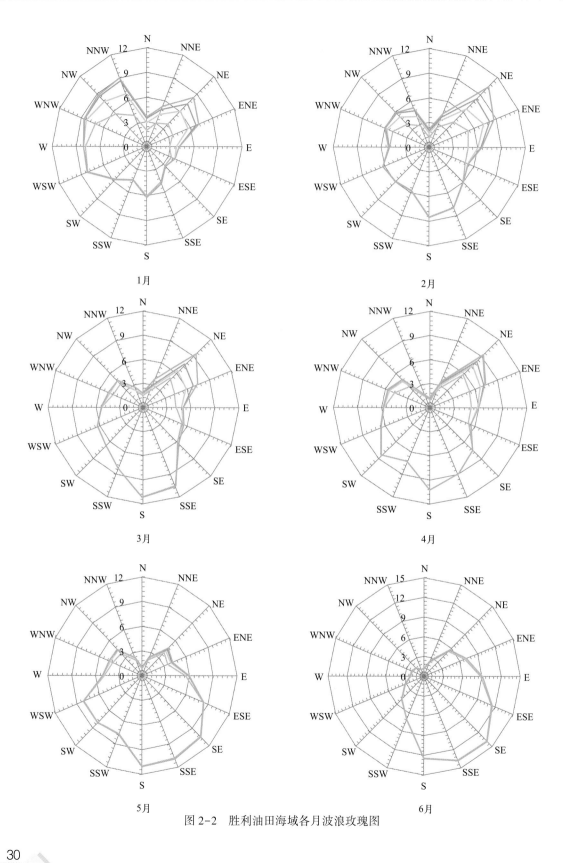

图 2-2 胜利油田海域各月波浪玫瑰图

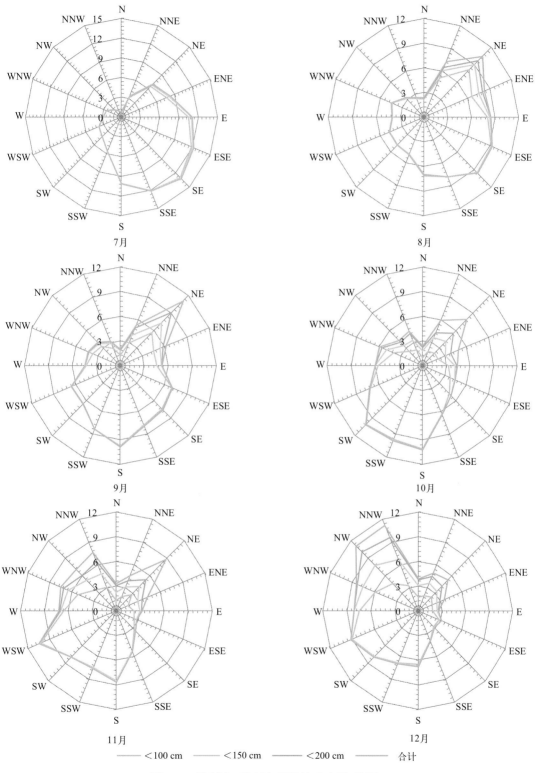

图 2-2　胜利油田海域各月波浪玫瑰图(续图)

从波向看，冬半年盛行偏北风浪，夏半年盛行偏南风浪。有效波高大于 3 m 的波浪仅出现于 NE、NNE、ENE 向，而出现在 NE 向的频率最高为 0.24%，所以本海域的强浪向为 NE，有效波高大于 2 m 的波浪为以 NE、NNE 和 ENE 为主，而 ESE—W 向有效波高大于 1.0 m 的累积频率为 1.11%，出现较少。

从波高累积频率来看，$H_s > 1.0$ m 的波浪，全年约占 15.07%，12 月份最高 29.20%，其次为 11 月和 1 月份，分别为 26.80% 和 24.34%，这三个月海况较差，可出海作业时率较低；6 月份最低为 2.26%，其次为 7 月和 5 月，分别为 2.86% 和 4.77%，这三个月海况较好，为海上生产作业的黄金季节。

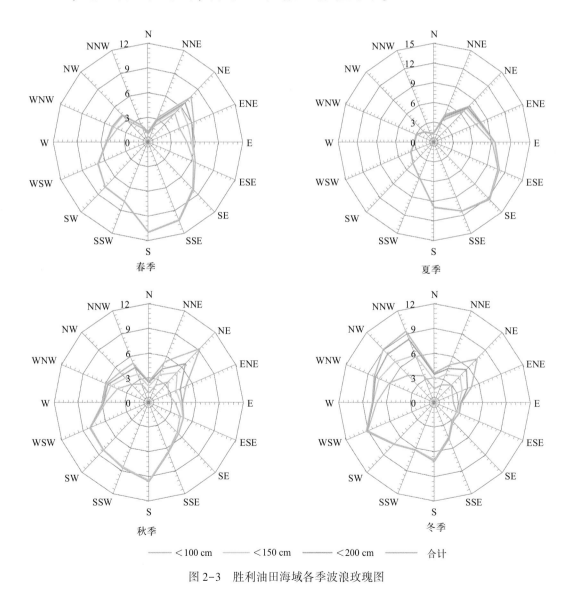

图 2-3　胜利油田海域各季波浪玫瑰图

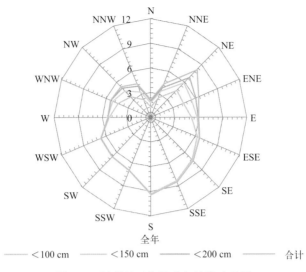

图 2-4 胜利油田海域全年波浪玫瑰图

2.3.2.2 各波向波高分布

表 2-5 至表 2-9 为全年和四季各波向的波高分布统计，结合表 2-4 各波向频率分布，可以明显看出无论从波向还是波高来看都有明显的季节变化，即冬半年盛行偏北风浪，夏半年盛行偏南风浪。

全年平均有效波高 57 cm，秋、冬季为 70 cm 左右；而夏季最小为 40 cm，春季介于中间为 49 cm。最大平均有效波高出现在 11 月为 70 cm，12 月次之为 69 cm；最小出现在 7 月为 37 cm，6 月次之为 38 cm。

从波向上来看，全年 NE 向平均有效波高最大为 110 cm，春夏秋冬四季依次为 98 cm、62 cm、148 cm、127 cm；全年 SSW 向平均有效波高最小为 31 cm，春夏秋冬四季依次为 28 cm、31 cm、35 cm、29 cm。

表 2-5 全年各波向波高分布(cm)

H_S/cm	N	NNE	NE	ENE	E	ESE	SE	SSE	S	SSW	SW	WSW	W	WNW	NW	NNW	小计
最大波高	583	638	761	650	566	498	450	529	391	361	395	519	484	501	530	600	761
平均最大波高	145	162	175	133	89	66	56	55	55	51	54	63	72	105	135	165	92
最大十分之一波高	435	490	574	489	453	355	371	434	328	290	322	455	352	357	418	402	574
平均十分之一波高	112	125	137	103	68	50	42	41	42	38	40	48	55	80	104	127	70

H_S/cm	N	NNE	NE	ENE	E	ESE	SE	SSE	S	SSW	SW	WSW	W	WNW	NW	NNW	小计
最大有效波高	354	411	502	406	361	296	305	348	281	230	266	365	295	295	320	333	502
平均有效波高	90	101	110	83	55	40	34	33	34	31	32	38	44	64	84	103	57
最大平均波高	230	277	302	264	230	193	202	228	194	152	173	245	185	204	217	217	302
平均波高	60	66	72	55	37	27	23	23	23	21	22	26	30	43	56	68	38

表 2-6 春季各波向波高分布（cm）

H_S/cm	N	NNE	NE	ENE	E	ESE	SE	SSE	S	SSW	SW	WSW	W	WNW	NW	NNW	小计
最大波高	439	638	654	620	566	369	450	274	312	352	328	339	368	463	405	443	654
平均最大波高	110	149	157	133	93	65	56	57	54	48	53	60	67	95	102	107	80
最大十分之一波高	380	467	476	451	453	279	371	216	216	281	275	281	271	332	296	331	476
平均十分之一波高	84	115	121	102	71	49	42	43	41	35	40	45	51	72	79	81	61
最大有效波高	302	379	370	372	361	228	305	174	176	225	225	230	210	254	238	255	379
平均有效波高	67	93	98	83	57	39	34	34	33	28	32	36	41	58	63	66	49
最大平均波高	188	249	248	243	230	151	202	114	116	150	147	152	135	167	160	168	249
平均波高	45	61	64	55	39	27	23	23	22	19	21	24	27	39	43	44	33

表 2-7 夏季各波向波高分布（cm）

H_S/cm	N	NNE	NE	ENE	E	ESE	SE	SSE	S	SSW	SW	WSW	W	WNW	NW	NNW	小计
最大波高	583	612	761	556	413	498	398	529	391	351	222	234	237	347	351	326	761
平均最大波高	88	120	100	85	65	57	52	52	54	51	52	59	62	70	70	74	66
最大十分之一波高	435	490	574	361	342	355	299	434	328	290	164	171	189	252	260	243	574

续表

H_S/cm	N	NNE	NE	ENE	E	ESE	SE	SSE	S	SSW	SW	WSW	W	WNW	NW	NNW	小计
平均十分之一波高	67	92	76	65	49	42	39	39	41	38	39	44	47	53	53	56	49
最大有效波高	354	411	502	292	273	296	246	348	281	219	136	142	150	206	205	196	502
平均有效波高	54	74	62	52	40	34	31	32	33	31	31	36	37	42	43	45	40
最大平均波高	230	277	287	188	171	193	161	228	194	135	95	96	99	137	135	128	287
平均波高	36	49	41	35	27	23	21	22	23	21	21	24	25	29	29	30	27

表 2-8　秋季各波向波高分布（cm）

H_S（cm）	N	NNE	NE	ENE	E	ESE	SE	SSE	S	SSW	SW	WSW	W	WNW	NW	NNW	小计
最大波高	485	624	647	650	542	344	282	368	342	294	364	347	484	501	487	494	650
平均最大波高	173	199	234	174	110	76	61	58	60	58	60	71	83	128	159	181	112
最大十分之一波高	339	469	504	486	404	240	239	269	272	233	281	280	352	357	393	384	504
平均十分之一波高	133	154	183	135	84	58	46	43	45	43	45	53	63	98	122	141	86
最大有效波高	265	380	430	387	333	190	195	213	219	184	222	215	295	295	320	303	430
平均有效波高	107	125	148	109	68	46	37	35	36	35	36	43	51	79	99	114	70
最大平均波高	172	247	302	264	223	125	124	136	141	117	141	138	185	204	211	199	302
平均波高	71	82	97	72	45	31	25	23	25	24	24	29	34	53	66	76	46

表 2-9　冬季各波向波高分布（cm）

H_S/cm	N	NNE	NE	ENE	E	ESE	SE	SSE	S	SSW	SW	WSW	W	WNW	NW	NNW	小计
最大波高	423	593	661	592	442	362	304	329	358	361	395	519	399	438	530	600	661
平均最大波高	164	171	200	159	114	78	60	54	54	47	49	62	73	108	156	187	111
最大十分之一波高	341	446	537	489	348	273	242	259	260	289	322	455	320	324	418	402	537

H_S/cm	N	NNE	NE	ENE	E	ESE	SE	SSE	S	SSW	SW	WSW	W	WNW	NW	NNW	小计
平均十分之一波高	126	132	157	123	88	60	46	41	41	36	37	47	55	83	120	145	86
最大有效波高	281	373	433	406	274	223	196	221	202	230	266	365	256	264	320	333	433
平均有效波高	102	106	127	99	71	49	37	33	33	29	30	38	45	67	97	116	69
最大平均波高	186	253	298	260	172	150	131	146	133	152	173	245	170	167	217	217	298
平均波高	67	69	83	65	47	32	25	22	23	20	20	25	30	44	64	77	46

2.3.2.3 各波段波高天次统计

一般以 H_S 小于 1.0 m 作为标准的平均作业率及可作业天数。由表 2-10 逐月各波段波高天次，可见本海域波浪 $H_S<1$ m 天次即全年可作业天次 260.7 天次，条件最差的月份为 12 月仅有 15.9 天次，其次为 11 月和 1 月，分别有 16.4 天次、17.3 天次；作业条件最好的三个月份依次为 7 月、6 月和 5 月，分别为 28.5 天次、27.4 天次和 27.1 天次。

全年 H_S 超 2.5m 以上的大浪天次约 15.9 天次，11 月份最多 3.1 天次，7 月最低 0 天次。

全年 H_S 超 4.0m 以上的巨浪天次为 0.8 天次，在 8 月至翌年的 2 月份都有可能出现，3 月到 7 月份为 0 天次。

表 2-10 逐月各波段波高天次

	1月	2月	3月	4月	5月	6月	7月	8月	9月	10月	11月	12月	合计
<50	8.7	11.5	14.6	11.3	14.8	18.0	18.8	16.2	12.2	10.3	7.2	8.5	152.3
[50, 100)	8.6	6.4	7.7	10.8	12.3	9.4	9.7	9.2	9.9	7.8	9.2	7.4	108.4
[100, 150)	6.8	4.3	3.1	4.8	2.2	2.2	2.0	3.1	3.6	4.8	4.7	4.8	46.3
[150, 200)	3.8	3.1	2.3	1.7	1.1	0.2	0.2	1.1	1.4	3.1	3.1	5.4	26.6
[200, 250)	1.6	1.3	1.8	0.5	0.4	0.1	0.3	0.6	1.2	2.4	2.7	2.8	15.7
[250, 300)	0.9	1.0	0.5	0.4	0.3	0.1	0.0	0.2	1.0	1.0	1.5	1.5	8.4
[300, 350)	0.3	0.1	0.5	0.4	0.0	0.0	0.0	0.1	0.3	1.0	0.7	0.5	3.9
[350, 400)	0.1	0.5	0.0	0.2	0.0	0.0	0.0	0.3	0.2	0.4	0.7	0.0	2.8
≥400	0.1	0.1	0.0	0.0	0.0	0.0	0.0	0.1	0.1	0.1	0.2	0.1	0.8

2.3.3 灾害性大浪过程特征

2.3.3.1 大浪产生

由风浪的生成规律可知风浪的大小主要受风速、风区、风时和水深四个因素控制。由于海上油区处于半封闭的渤海西南侧极浅海海域，水深较浅，一般在 10～20 m，且仅在东部渤海海峡和黄海相通，不易受外海大浪侵入；此外渤海海域面积相对较小，全海域往往处在同一个天气尺度大风形式之下，风况条件基本相同，因此其分区长度对风浪的成长具有关键控制作用。表 2-11 列出了该海域对岸风风区长度。NE 和 ENE 风区最长，为 350 km，从风要素章节已知该海域强风向为 NNE-NE-ENE，其次为 NW-NNW。二者叠加效应，显然 NNE-NE-ENE 向风速大，风区也大，因而形成该海域的强浪向，产生灾害性大浪。

表 2-11 对岸风风区长度

风向	WNW	NW	NNW	N	NNE	NE	ENE
风区/km	110	130	120	110	250	350	350

2.3.3.2 灾害性大浪过程特征

把实测 4.0 m 以上的波浪视为灾害性大浪过程来分析。由表 2-12 多年逐月最大波高统计可见，每年 8 月到翌年 2 月都有可能出现 4.0 m 以上的巨浪。

在观测期间测量到 12 次灾害性大浪过程，表 2-13 为大浪过程概况，图 2-5 至图 2-13 为风浪过程曲线。由图、表可以看出，观测期间实测最大波高 H_{max} 为 7.61 m，$H_{1/10}$ 最大为 5.74 m，H_s 最大为 5.06 m，大浪浪向全为 NE 向。将 12 次过程进行天气形式分析，产生的天气形式主要是强冷空气(10 次，其中 2 次配合气旋)、台风(2 次)、气旋(2 次，配合强冷空气)。近年来随着全球变暖趋势，北上影响胜利油区的台风强度在增加，频率在加强，2018 年有三次北上台风(10 号"安比"、14 号"摩羯"、18 号"温比亚")影响油区并创造了单年度影响最多历史记录，2019 年又有 9 号超强台风"利奇马"正面影响油区。

从风浪曲线过程波要素的发展规律分析，每个过程分成长与消衰两个发展阶段。在成长阶段，波浪都随风速增大，风时加长而迅速增大；而衰减阶段，波高都随风速减小而减小，且波高衰减较成长缓慢，波浪周期变化不明显，主要是因为在上风区广大海域形成的大浪其传播消衰需经过一段较长的时间。

表 2-12 多年逐月最大波高统计

时间	H_{max}/cm	最大 $H_{1/10}$/cm	最大 H_S/cm	最大 H_{avg}/cm
1 月	596	534	433	298
2 月	661	522	414	269
3 月	654	476	379	249
4 月	612	453	361	236
5 月	476	332	271	177
6 月	412	321	254	166
7 月	374	295	245	157
8 月	761	574	506	287
9 月	647	504	430	302
10 月	636	488	408	269
11 月	650	496	427	279
12 月	603	537	429	289

表 2-13 大浪过程概况

序号	时间	H_{max}/cm	T_{max}/s	$H_{1/10}$/cm	$T_{1/10}$/s	H_S/cm	T_S/s	浪向	成因
1	2010 年 1 月 20—21 日	596	11.45	534	10.41	433	9.92	NE-E	强冷空气
2	2010 年 9 月 20—21 日	647	9.24	504	10.86	430	10.55	NE	强冷空气
3	2010 年 12 月 12—13 日	603	10.78	537	10.19	429	9.54	NE	强冷空气
4	2011 年 2 月 27—28 日	661	9.59	522	8.14	414	8.63	NE	强冷空气+气旋
5	2012 年 8 月 3—4 日	761	10.5	574	6.17	502	5.39	NE	"达维"台风
6	2015 年 11 月 5—8 日	718	8.0	597	8.35	506	9.23	NE	强冷空气+气旋
7	2016 年 11 月 5—6 日	695	9.0	541	9.42	439	9.2	NE	强冷空气
8	2017 年 10 月 9—10 日	723	8.5	574	8.85	456	8.84	NE	强冷空气
9	2019 年 8 月 11—13 日	723	8.5	551	8.75	465	8.64	NNE	"利奇马"台风
10	2021 年 3 月 5—6 日	590	8.0	501	9.13	408	8.65	NE	强冷空气
11	2021 年 11 月 6—10 日	595	8.0	461	8.85	401	9.06	NE	强冷空气
12	2022 年 10 月 2—5 日	623	9.5	512	9.25	433	9.09	NE	强冷空气

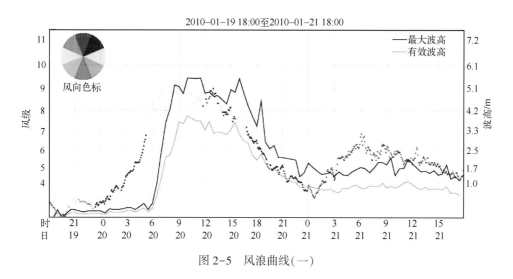

图 2-5　风浪曲线(一)

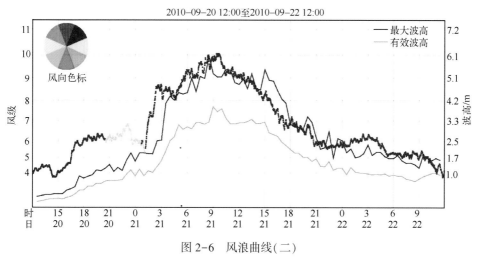

图 2-6　风浪曲线(二)

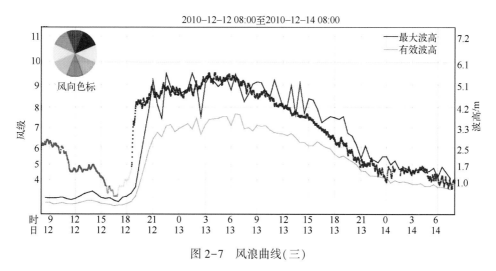

图 2-7　风浪曲线(三)

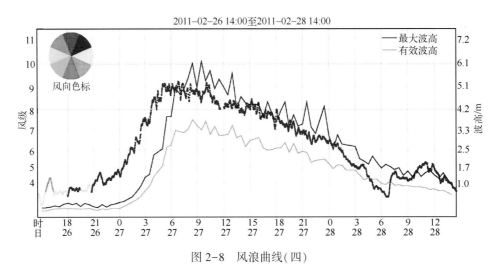

图 2-8　风浪曲线(四)

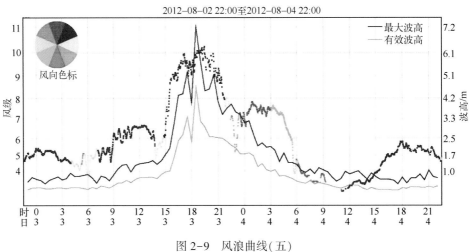

图 2-9　风浪曲线(五)

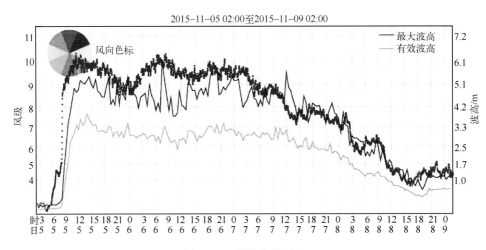

图 2-10　风浪曲线(六)

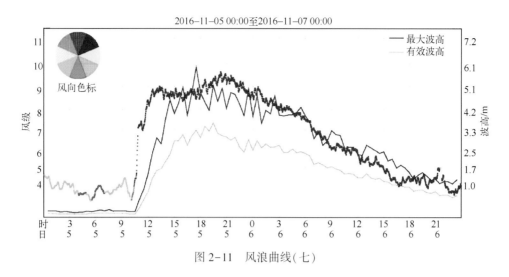

图 2-11 风浪曲线(七)

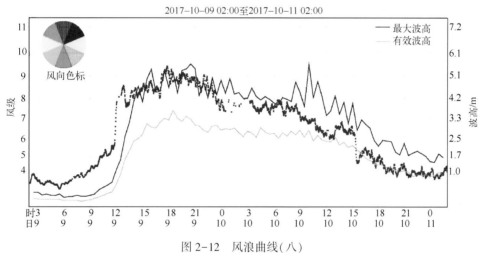

图 2-12 风浪曲线(八)

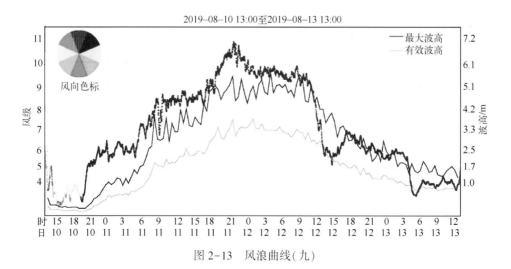

图 2-13 风浪曲线(九)

2.3.4 周期分布

表 2-14 为根据波高大小对波高周期进行统计的散布图。全年以 3~5 s 的周期出现频率最高；当波高 $H_S \geq 2.0$ m 以上时，平均周期一般在 6~8 s。此外由于地缘位置导致该海区浪以风生浪为主，加之水深相对较浅，波周期 10 s 以上的累积频率仅为 0.02%，非常少见。波周期统计见表 2-15。

表 2-14　波高周期散布图(%)

波高/cm	周期/s													
	<1	1~2	2~3	3~4	4~5	5~6	6~7	7~8	8~9	9~10	10~11	11~12	≥12	合计
<50	0.00	0.00	11.54	28.86	15.03	5.04	1.60	0.52	0.19	0.07	0.00	0.00	0.00	62.87
[50, 100)	0.00	0.00	0.28	6.41	8.86	4.77	1.33	0.29	0.05	0.01	0.00	0.00	0.00	21.99
[100, 150)	0.00	0.00	0.00	0.18	2.64	3.41	1.42	0.35	0.05	0.01	0.00	0.00	0.00	8.06
[150, 200)	0.00	0.00	0.00	0.00	0.30	1.93	1.33	0.31	0.07	0.01	0.00	0.00	0.00	3.96
[200, 250)	0.00	0.00	0.00	0.00	0.01	0.42	0.85	0.41	0.06	0.01	0.00	0.00	0.00	1.78
[250, 300)	0.00	0.00	0.00	0.00	0.00	0.03	0.24	0.40	0.12	0.00	0.01	0.00	0.00	0.80
[300, 350)	0.00	0.00	0.00	0.00	0.00	0.00	0.02	0.17	0.18	0.02	0.01	0.00	0.00	0.40
[350, 400)	0.00	0.00	0.00	0.00	0.00	0.00	0.00	0.02	0.08	0.03	0.00	0.00	0.00	0.13
≥400	0.00	0.00	0.00	0.00	0.00	0.00	0.00	0.00	0.01	0.00	0.00	0.00	0.00	0.01
合计	0.00	0.00	11.82	35.45	26.85	15.62	6.79	2.47	0.81	0.17	0.02	0.00	0.00	100

表 2-15　周期统计表

波高/cm	周期/s			
	T_{max}	$T_{1/10}$	T_S	T
<50	4.24	3.84	3.76	3.33
[50, 100)	4.98	4.56	4.49	3.98
[100, 150)	5.77	5.41	5.34	4.61
[150, 200)	6.88	6.55	6.50	5.47
[200, 250)	6.88	6.55	6.50	5.47

续表

波高/cm	周期/s			
	T_{max}	$T_{1/10}$	T_S	T
[250, 300)	7.57	7.30	7.25	6.04
[300, 350)	8.29	8.03	8.00	6.62
[350, 400)	8.79	8.54	8.57	7.09
≥400	9.80	9.04	9.04	7.67

2.3.5 海浪频谱

海浪频谱是海浪统计学的一个重要特征，能够清楚表明波能集中的频带，这对海洋工程的波浪载荷设计计算具有重要的意义。

2010年9月上旬，热带风暴"玛瑙"沿东海东部北上，油田海域受"玛瑙"外围和冷空气共同影响，经历了一次大风浪过程。下面分析这一过程的海浪变化情况。

从图2-14风浪变化曲线中可以看出，2010年9月7日05时，风速开始加大，到20时40分达到最大21.7 m/s（阵风9级），9月8日05时风速开始减小，9月8日23时，风速基本降低到起风前的水平，6级以上大风持续约24 h。

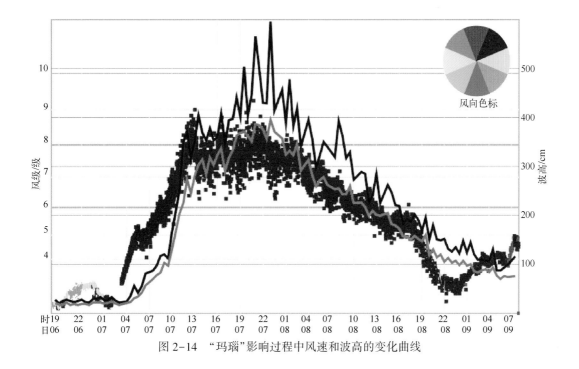

图2-14 "玛瑙"影响过程中风速和波高的变化曲线

有效波高的时间过程曲线和风速的时间过程曲线呈现一致性，波高的变化落后于风速的变化约 2 h，这是因为风作用于海面一段时间后，风浪才能充分成长。

考虑到波高和波周期这些特征值参数不能完全描述波浪的特性，特别是波浪的能量和频率之间的关系，这一点对于减灾防灾尤为重要。为此，我们选择了此次天气过程发展衰减中的若干个时间点，观察其海浪频谱的变化过程，见图 2-15。

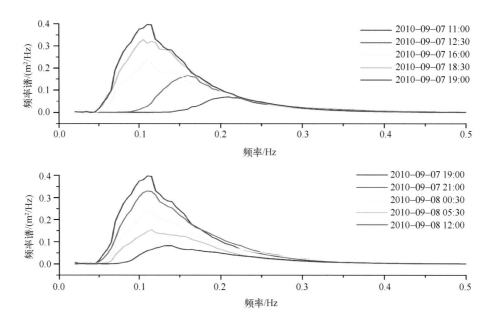

图 2-15　波浪频谱变化曲线(上图是成长过程，下图是消衰过程)

成长过程：随着波高的增大，主要的变化表现为峰值对应的频率往低频移动，峰值本身则有了很大的增高，在 9 月 7 日 19 时达到顶峰。

消衰过程：随着波高逐步降低，此时对应的波浪频率谱的峰值也逐步下降，峰值对应频率也逐步往高频移动，并逐渐回复到起风前的状态。

2.3.6　波浪变异系数

在波浪能的评估中，波浪能流密度的稳定性也是一重要参数，越稳定越有利于波浪能的采集与转换。$C_V = S/X$，其中 C_V 为变异系数，S 为标准差，X 为均值。各月波浪变异系数，详见表 2-16。

全年海区波浪变异系数均值为 0.80，全年最小值为 0.45，出现在 2010 年 5 月和 2018 年 6 月；最大值 1.24，出现在 2019 年 8 月(受 9 号超强台风"利奇马"

影响)。

从季节上来看，春季均值 0.84，夏季均值 0.79，秋季均值 0.68，冬季均值 0.87。春末到仲夏即 5—7 月，变异系数相对较小，为 0.6 左右；冬季仅在 2011 年 1 月出现，为 0.59，其他年份均高于 0.70。

表 2-16 各月份波浪变异系数

月份	最小值	平均值	最大值
1 月	0.59	0.79	0.88
2 月	0.78	0.95	1.12
3 月	0.72	0.91	1.14
4 月	0.57	0.81	1.09
5 月	0.45	0.66	0.89
6 月	0.45	0.58	0.83
7 月	0.53	0.62	0.80
8 月	0.57	0.84	1.24
9 月	0.72	0.90	1.10
10 月	0.72	0.88	1.06
11 月	0.68	0.84	1.07
12 月	0.70	0.78	0.97
全年	0.45	0.80	1.24

2.3.7 重现期波高计算

2.3.7.1 水深 12 m 多年一遇波高

利用 2.3.1.2 提到的资料处理方法，按照年度、冬季和夏季极值情况采用威布尔拟合方法分别得到胜利油田海域 12 m 水深处海域 20 年、30 年、50 年和 100 年多年一遇 H_{max} 和 H_S，具体详见表 2-17。

表 2-17 多年一遇波高(H = 12 m)

H = 12 m	波高/cm	20 年	30 年	50 年	100 年
年度	H_{max}	703	709	716	724
	H_S	450	458	467	478

$H=12$ m	波高/cm	20 年	30 年	50 年	100 年
冬季	H_{max}	690	698	705	715
	H_S	421	429	438	449
夏季	H_{max}	667	678	688	701
	H_S	418	429	441	456

根据中心二号平台($H=12$ m)实测波浪资料,2012 年 8 月 3—4 日受 10 号台风"达维"影响,实测 $H_{max}=761$ cm,$H_S=502$ cm,突破 12 m 水深海域百年一遇的极值波高,对油田生产产生了严重影响。

2.3.7.2 水深 18 m 多年一遇波高

水深 18 m 处的多年一遇波高是通过对不同水深的同步波浪观测资料建立相关关系计算出的。不同水深波高相关关系见表 2-18。

表 2-18 不同水深波高相关关系

全年	H_{max}	$H_{18}=1.12 \times H_{12}+35$ cm
	H_S	$H_{18}=1.12 \times H_{12}+18$ cm
冬季	H_{max}	$H_{18}=1.12 \times H_{12}+33$ cm
	H_S	$H_{18}=1.12 \times H_{12}+18$ cm
夏季	H_{max}	$H_{18}=1.13 \times H_{12}+39$ cm
	H_S	$H_{18}=1.12 \times H_{12}+18$ cm

根据表 2-18 相关关系,得到 18 m 水深处多年一遇 H_{max} 和 H_S,详见表 2-19。

根据 CB32($H=18$ m)实测波浪资料,2015 年 11 月 5—8 日受强冷空气和气旋共同影响,实测 $H_{max}=712$ cm,$H_S=506$ cm,突破 18 m 水深海域 30 年一遇的极值波高,对油田产生了较大影响。

表 2-19 多年一遇波高($H=18$ m)

$H=18$ m	波高/cm	20 年	30 年	50 年	100 年
年度	H_{max}	829	836	844	853
	H_S	522	531	541	553

$H=18$ m	波高/cm	20 年	30 年	50 年	100 年
冬季	H_{max}	806	815	823	834
	H_S	490	498	509	521
夏季	H_{max}	786	798	810	824
	H_S	486	498	512	529

2.3.7.3 不同水深多年一遇波高

在一定海底坡度上，浅水波在不同水深波高分布是根据布雷特施耐德优化算法线性内插推算；此外本地破碎水深为 9 m，其破碎波高为 6.3 m，对于水深浅于 9 m 均由破碎极限波高控制，最终得到不同水深的波高分布情况(表 2-20)。

表 2-20　不同水深波高统计(cm)

水深		波高/cm	20 年	30 年	50 年	100 年
$H=6$ m	年度	H_{max}	397	402	406	420
		H_S	265	268	271	280
	冰期	H_{max}	385	393	397	411
		H_S	242	249	252	264
	非冰期	H_{max}	367	376	380	400
		H_S	245	252	260	270
$H=12$ m	年度	H_{max}	703	709	716	724
		H_S	450	458	467	478
	冰期	H_{max}	690	698	705	715
		H_S	421	429	438	449
	非冰期	H_{max}	667	678	688	701
		H_S	418	429	441	456
$H=18$ m	年度	H_{max}	822	829	837	846
		H_S	522	531	541	553
	冰期	H_{max}	806	815	823	834
		H_S	490	498	509	521
	非冰期	H_{max}	786	798	810	824
		H_S	486	498	512	529

水深	波高/cm		20 年	30 年	50 年	100 年
$H = 24$ m	年度	H_{max}	956	964	972	982
		H_S	603	613	624	638
	冰期	H_{max}	935	946	954	967
		H_S	566	576	588	601
	非冰期	H_{max}	927	941	954	970
		H_S	562	576	591	610

2.3.7.4 多年一遇波周期

根据波浪传播理论，波浪在向近岸传播过程中，周期基本保持不变，也就是说近岸出现的由深水区传来的大浪虽然其波高在地形及水深变浅等影响下发生了变换，但是其周期基本上保持深水区所具有的周期。根据中心二号（$H = 12$ m）海域和 CB32（$H = 18$ m）海域近 6 年的同步波浪资料分析，浅水区和深水区海域波周期基本相同，且呈现浅水区略有增大的趋势。

一般情况下破碎水深越浅破碎波高越小其对应的波周期也相应较小。但考虑到较深水中具有较大周期的破碎波在向浅水区传播的过程中可能会出现二次破碎甚至三次破碎。因此为了安全起见，破碎水深以内的波周期，仍采用 12 m 水深波周期。

综上所述，该海域多年一遇周期计算以 12 m 水深海域波周期为准，利用威布尔拟合方法得到多年一遇波周期，详见表 2-21。

表 2-21 多年一遇波周期

重现期	T_{max}/s	T_S/s
20 年	11.41	10.02
30 年	11.60	10.17
50 年	11.80	10.34
100 年	12.05	10.55

2.4 海流

2.4.1 调查概况

潮流现状资料引自《胜利油田海域外业调查项目水文动力专题研究报告》(中国海洋大学)，调查时间 2019 年 5 月 31 日至 6 月 8 日及 10 月 29 日至 11 月 9 日。调查站位共计 22 个，调查站位经纬度见表 2-22。

表 2-22 潮流调查站位经纬度

站位号	N	E
S1	38° 16.57′	118° 06.19′
S2	38° 12.43′	118° 10.38′
S3	38° 17.72′	118° 17.06′
S4	38° 11.87′	118° 17.97′
S5	38° 14.07′	118° 23.68′
S6	38° 09.54′	118° 25.36′
S7	38° 16.76′	118° 39.07′
S8	38° 12.08′	118° 40.84′
S9	38° 16.68′	118° 53.46′
S10	38° 23.31′	118° 56.72′
S11	38°12.00′	118° 55.00′
S12	38° 13.53′	119° 00.67′
S13	38° 06.00′	118° 58.00′
S14	38° 03.88 ′	119° 01.24′
S15	38° 07.15 ′	119° 08.97′
S16	38° 00.89′	119° 01.43′
S17	38° 01.89′	119° 11.32′
S18	38° 01.18′	119° 21.71′
S19	37° 56.70′	119° 11.08′

站位号	N	E
S20	37° 51.06′	119° 10.06′
S21	37° 54.51′	119° 18.21′
S22	37° 43.29′	119° 25.00′

2.4.2　实测海流特征分析

春、秋季不同潮期不同站位、不同层次的流速矢量图以及最大、最小及平均流速分别列于图 2-16 至图 2-21 中。由实测海流统计结果可以看出如下特征。

（1）总体上来说，春秋季节实测流速相差不大；实测流速大潮大于中潮大于小潮，仅有个别站位例外，如春季 4 号站中潮表层最大流速大于大潮；同时表层最大流速大于底层；平均流速分布与最大流速分布规律基本相同。

（2）实测最大流速大的区域水深较深，浅水流速低于深水流速。

（3）春季大潮期间实测表层最大流速发生在 22 号站，最大流速为 120.0 cm/s，高于其他站位；7 号站位次之，最大流速为 116.0 cm/s；中潮实测最大流速发生在 7 号站，表层最大流速为 116.0 cm/s，9 号站、21 号站和 22 号站流速为 109.0 cm/s；小潮期间表层最大流速出现在 10 号站，流速为 85.0 cm/s，11 号站、12 号站、21 号站和 22 号站次之，流速分别为 84.0 cm/s、83.0 cm/s、83.0 cm/s 和 82.0 cm/s。春季大潮期间底层最大流速发生在 11 号站，最大流速为 87.0 cm/s；中潮期间底层最大流速发生在 7 号站，最大流速为 100.0 cm/s；小潮期间底层最大流速发生在 11 号站，最大流速为 73.0 cm/s（表 2-23 至表 2-25）。

（4）秋季大潮期间实测表层最大流速发生在 21 号站，最大流速为 120.0 cm/s，7 号站和 12 号站位次之，表层最大流速分别为 114.0 cm/s 和 113.0 cm/s；中潮实测最大流速发生在 11 号站，表层最大流速为 99.0 cm/s，21 号站次之，流速为 90.0 cm/s；小潮期间表层最大流速也发生在 11 号站，最大流速为 108.0 cm/s，21 号站次之，流速为 97.0 cm/s。秋季大潮期间底层最大流速发生在 7 号站，最大流速为 105.0 cm/s；中潮期间底层最大流速发生在 21 号站，最大流速 87.0 cm/s；小潮期间底层最大流速发生在 10 号站，最大流速为 87.0 cm/s（表 2-26 至表 2-28）。

表 2-23　春季各站各层大潮最大、最小及平均流速(cm/s)

站号	层次流速	表层	0.2H	0.4H	0.6H	0.8H	底层	站号	层次流速	表层	0.2H	0.4H	0.6H	0.8H	底层
1号站	最大流速	50.0	—	—	—	—	41.0	12号站	最大流速	114.0	92.0	—	—	85.0	82.0
	最小流速	11.0	—	—	—	—	8.0		最小流速	18.0	19.0	—	—	13.0	16.0
	平均流速	31.0	—	—	—	—	26.0		平均流速	64.0	53.0	—	—	46.0	45.0
2号站	最大流速	54.0	—	—	—	—	55.0	13号站	最大流速	15.0	—	—	—	—	16.0
	最小流速	14.0	—	—	—	—	12.0		最小流速	3.0	—	—	—	—	2.0
	平均流速	35.0	—	—	—	—	32.0		平均流速	9.0	—	—	—	—	9.0
3号站	最大流速	73.0	—	57.0	—	—	50.0	14号站	最大流速	50.0	—	—	—	—	36.0
	最小流速	9.0	—	9.0	—	—	9.0		最小流速	9.0	—	—	—	—	7.0
	平均流速	38.0	—	33.0	—	—	30.0		平均流速	30.0	—	—	—	—	22.0
4号站	最大流速	47.0	—	—	—	—	39.0	15号站	最大流速	99.0	86.0	—	70.0	—	52.0
	最小流速	15.0	—	—	—	—	15.0		最小流速	20.0	12.0	—	17.0	—	12.0
	平均流速	34.0	—	—	—	—	28.0		平均流速	59.0	47.0	—	39.0	—	29.0
5号站	最大流速	64.0	—	—	—	—	48.0	16号站	最大流速	39.0	—	—	—	—	32.0
	最小流速	14.0	—	—	—	—	13.0		最小流速	10.0	—	—	—	—	5.0
	平均流速	39.0	—	—	—	—	30.0		平均流速	24.0	—	—	—	—	19.0
6号站	最大流速	47.0	—	—	—	—	39.0	17号站	最大流速	67.0	67.0	—	55.0	—	52.0
	最小流速	14.0	—	—	—	—	20.0		最小流速	8.0	9.0	—	14.0	—	15.0
	平均流速	33.0	—	—	—	—	30.0		平均流速	39.0	37.0	—	31.0	—	29.0
7号站	最大流速	116.0	—	93.0	—	84.0	85.0	18号站	最大流速	71.0	70.0	—	65.0	50.0	53.0
	最小流速	12.0	—	13.0	—	11.0	11.0		最小流速	15.0	11.0	—	7.0	8.0	5.0
	平均流速	58.0	—	53.0	—	45.0	42.0		平均流速	46.0	41.0	—	37.0	32.0	30.0
8号站	最大流速	74.0	—	—	—	—	72.0	19号站	最大流速	76.0	—	—	67.0	56.0	67.0
	最小流速	20.0	—	—	—	—	20.0		最小流速	10.0	—	—	13.0	12.0	8.0
	平均流速	47.0	—	—	—	—	47.0		平均流速	40.0	—	—	37.0	33.0	34.0
9号站	最大流速	100.0	—	—	90.0	—	83.0	20号站	最大流速	21.0	—	—	—	—	23.0
	最小流速	14.0	—	—	11.0	—	9.0		最小流速	7.0	—	—	—	—	4.0
	平均流速	58.0	—	—	51.0	—	43.0		平均流速	16.0	—	—	—	—	11.0
10号站	最大流速	104.0	91.0	—	86.0	82.0	79.0	21号站	最大流速	109.0	—	93.0	—	80.0	73.0
	最小流速	11.0	10.0	—	13.0	14.0	10.0		最小流速	18.0	—	17.0	—	11.0	8.0
	平均流速	56.0	53.0	—	51.0	48.0	41.0		平均流速	64.0	—	53.0	—	44.0	39.0
11号站	最大流速	101.0	—	94.0	—	—	87.0	22号站	最大流速	120.0	—	103.0	—	83.0	79.0
	最小流速	14.0	—	13.0	—	—	11.0		最小流速	15.0	—	15.0	—	14.0	12.0
	平均流速	53.0	—	46.0	—	—	41.0		平均流速	54.0	—	49.0	—	42.0	37.0

表 2-24　春季各站各层中潮最大、最小及平均流速（cm/s）

站号	层次流速	表层	0.2H	0.4H	0.6H	0.8H	底层	站号	层次流速	表层	0.2H	0.4H	0.6H	0.8H	底层
1号站	最大流速	62.0	—	—	—	—	55.0	12号站	最大流速	106.0	87.0	—	—	81.0	80.0
	最小流速	15.0	—	—	—	—	13.0		最小流速	21.0	20.0	—	—	19.0	16.0
	平均流速	39.0	—	—	—	—	32.0		平均流速	57.0	53.0	—	—	48.0	43.0
2号站	最大流速	70.0	—	—	—	—	63.0	13号站	最大流速	26.0	—	—	—	—	32.0
	最小流速	16.0	—	—	—	—	15.0		最小流速	7.0	—	—	—	—	3.0
	平均流速	36.0	—	—	—	—	36.0		平均流速	14.0	—	—	—	—	11.0
3号站	最大流速	76.0	—	77.0	—	—	70.0	14号站	最大流速	40.0	—	—	—	—	49.0
	最小流速	11.0	—	9.0	—	—	11.0		最小流速	13.0	—	—	—	—	7.0
	平均流速	38.0	—	39.0	—	—	36.0		平均流速	24.0	—	—	—	—	27.0
4号站	最大流速	77.0	—	—	—	—	50.0	15号站	最大流速	94.0	96.0	—	81.0	—	65.0
	最小流速	16.0	—	—	—	—	18.0		最小流速	15.0	18.0	—	13.0	—	10.0
	平均流速	38.0	—	—	—	—	31.0		平均流速	52.0	50.0	—	42.0	—	34.0
5号站	最大流速	75.0	—	—	—	—	50.0	16号站	最大流速	35.0	—	—	—	—	37.0
	最小流速	12.0	—	—	—	—	8.0		最小流速	13.0	—	—	—	—	13.0
	平均流速	39.0	—	—	—	—	30.0		平均流速	22.0	—	—	—	—	21.0
6号站	最大流速	72.0	—	—	—	—	65.0	17号站	最大流速	90.0	71.0	—	50.0	—	44.0
	最小流速	18.0	—	—	—	—	16.0		最小流速	19.0	11.0	—	8.0	—	5.0
	平均流速	35.0	—	—	—	—	39.0		平均流速	45.0	39.0	—	30.0	—	25.0
7号站	最大流速	116.0	—	109.0	—	99.0	100.0	18号站	最大流速	84.0	78.0	—	54.0	47.0	46.0
	最小流速	14.0	—	10.0	—	10.0	8.0		最小流速	18.0	16.0	—	14.0	12.0	5.0
	平均流速	60.0	—	55.0	—	51.0	50.0		平均流速	47.0	44.0	—	33.0	27.0	26.0
8号站	最大流速	86.0	—	—	—	—	89.0	19号站	最大流速	101.0	—	—	75.0	54.0	46.0
	最小流速	16.0	—	—	—	—	18.0		最小流速	15.0	—	—	13.0	12.0	8.0
	平均流速	53.0	—	—	—	—	53.0		平均流速	47.0	—	—	38.0	33.0	27.0
9号站	最大流速	109.0	—	—	96.0	—	86.0	20号站	最大流速	27.0	—	—	—	—	24.0
	最小流速	17.0	—	—	16.0	—	9.0		最小流速	9.0	—	—	—	—	10.0
	平均流速	54.0	—	—	51.0	—	44.0		平均流速	18.0	—	—	—	—	16.0
10号站	最大流速	87.0	85.0	—	92.0	81.0	76.0	21号站	最大流速	109.0	—	85.0	—	77.0	73.0
	最小流速	15.0	14.0	—	13.0	12.0	12.0		最小流速	17.0	—	17.0	—	12.0	12.0
	平均流速	47.0	47.0	—	48.0	47.0	40.0		平均流速	59.0	—	51.0	—	43.0	38.0
11号站	最大流速	102.0	—	99.0	—	—	94.0	22号站	最大流速	109.0	—	102.0	—	91.0	83.0
	最小流速	17.0	—	21.0	—	—	21.0		最小流速	19.0	—	16.0	—	13.0	11.0
	平均流速	54.0	—	50.0	—	—	46.0		平均流速	55.0	—	50.0	—	41.0	38.0

表 2-25　春季各站各层小潮最大、最小及平均流速 (cm/s)

站号	层次流速	表层	0.2H	0.4H	0.6H	0.8H	底层	站号	层次流速	表层	0.2H	0.4H	0.6H	0.8H	底层
1号站	最大流速	39.0	—	—	—	—	33.0	12号站	最大流速	83.0	64.0	—	—	61.0	57.0
	最小流速	5.0	—	—	—	—	1.0		最小流速	4.0	15.0	—	—	13.0	13.0
	平均流速	24.0	—	—	—	—	20.0		平均流速	48.0	43.0	—	—	38.0	33.0
2号站	最大流速	37.0	—	—	—	—	37.0	13号站	最大流速	19.0	—	—	—	—	21.0
	最小流速	6.0	—	—	—	—	5.0		最小流速	2.0	—	—	—	—	2.0
	平均流速	21.0	—	—	—	—	22.0		平均流速	10.0	—	—	—	—	12.0
3号站	最大流速	48.0	—	46.0	—	—	39.0	14号站	最大流速	38.0	—	—	—	—	30.0
	最小流速	13.0	—	12.0	—	—	16.0		最小流速	11.0	—	—	—	—	9.0
	平均流速	32.0	—	31.0	—	—	28.0		平均流速	25.0	—	—	—	—	21.0
4号站	最大流速	39.0	—	—	—	—	38.0	15号站	最大流速	80.0	57.0	—	54.0	—	41.0
	最小流速	15.0	—	—	—	—	14.0		最小流速	14.0	13.0	—	13.0	—	9.0
	平均流速	28.0	—	—	—	—	26.0		平均流速	43.0	38.0	—	33.0	—	26.0
5号站	最大流速	49.0	—	—	—	—	43.0	16号站	最大流速	34.0	—	—	—	—	27.0
	最小流速	11.0	—	—	—	—	8.0		最小流速	9.0	—	—	—	—	3.0
	平均流速	33.0	—	—	—	—	26.0		平均流速	20.0	—	—	—	—	18.0
6号站	最大流速	37.0	—	—	—	—	35.0	17号站	最大流速	55.0	52.0	—	43.0	—	34.0
	最小流速	13.0	—	—	—	—	13.0		最小流速	14.0	13.0	—	10.0	—	7.0
	平均流速	25.0	—	—	—	—	25.0		平均流速	35.0	31.0	—	26.0	—	21.0
7号站	最大流速	80.0	—	69.0	63.0	—	59.0	18号站	最大流速	56.0	52.0	—	40.0	39.0	36.0
	最小流速	9.0	—	12.0	10.0	—	10.0		最小流速	15.0	15.0	—	12.0	10.0	10.0
	平均流速	49.0	—	43.0	36.0	—	34.0		平均流速	37.0	33.0	—	26.0	23.0	21.0
8号站	最大流速	62.0	—	—	—	—	63.0	19号站	最大流速	56.0	—	—	47.0	39.0	36.0
	最小流速	11.0	—	—	—	—	11.0		最小流速	5.0	—	—	4.0	4.0	5.0
	平均流速	42.0	—	—	—	—	42.0		平均流速	30.0	—	—	28.0	25.0	22.0
9号站	最大流速	76.0	—	70.0	—	—	49.0	20号站	最大流速	20.0	—	—	—	—	29.0
	最小流速	8.0	—	13.0	—	—	8.0		最小流速	2.0	—	—	—	—	3.0
	平均流速	43.0	—	39.0	—	—	30.0		平均流速	10.0	—	—	—	—	13.0
10号站	最大流速	85.0	80.0	—	63.0	56.0	49.0	21号站	最大流速	83.0	—	73.0	—	65.0	57.0
	最小流速	4.0	7.0	—	8.0	7.0	6.0		最小流速	3.0	—	11.0	—	5.0	7.0
	平均流速	41.0	43.0	—	39.0	36.0	30.0		平均流速	49.0	—	42.0	—	35.0	32.0
11号站	最大流速	84.0	—	75.0	—	—	73.0	22号站	最大流速	82.0	—	65.0	—	51.0	45.0
	最小流速	14.0	—	10.0	—	—	9.0		最小流速	12.0	—	11.0	—	3.0	1.0
	平均流速	49.0	—	42.0	—	—	38.0		平均流速	49.0	—	41.0	—	33.0	28.0

表 2-26 秋季各站各层大潮最大、最小及平均流速 (cm/s)

站号	层次流速	表层	0.2H	0.4H	0.6H	0.8H	底层	站号	层次流速	表层	0.2H	0.4H	0.6H	0.8H	底层
1号站	最大流速	69.0	—	—	—	—	50.0	12号站	最大流速	113.0	—	95.0	92.0	—	79.0
	最小流速	6.0	—	—	—	—	5.0		最小流速	13.0	—	11.0	13.0	—	7.0
	平均流速	35.0	—	—	—	—	30.0		平均流速	59.0	—	54.0	51.0	—	43.0
2号站	最大流速	—	—	—	44.0	—	—	13号站	最大流速	22.0	—	—	—	—	19.0
	最小流速	—	—	—	5.0	—	—		最小流速	3.0	—	—	—	—	3.0
	平均流速	—	—	—	23.0	—	—		平均流速	12.0	—	—	—	—	12.0
3号站	最大流速	70.0	—	—	69.0	—	52.0	14号站	最大流速	40.0	—	—	—	—	37.0
	最小流速	5.0	—	—	9.0	—	7.0		最小流速	11.0	—	—	—	—	7.0
	平均流速	38.0	—	—	40.0	—	32.0		平均流速	28.0	—	—	—	—	24.0
4号站	最大流速	42.0	—	—	—	—	34.0	15号站	最大流速	92.0	—	82.0	—	76.0	75.0
	最小流速	2.0	—	—	—	—	8.0		最小流速	7.0	—	5.0	—	7.0	2.0
	平均流速	20.0	—	—	—	—	17.0		平均流速	42.0	—	41.0	—	39.0	35.0
5号站	最大流速	57.0	—	—	—	—	41.0	16号站	最大流速	35.0	—	—	—	—	32.0
	最小流速	8.0	—	—	—	—	1.0		最小流速	8.0	—	—	—	—	8.0
	平均流速	35.0	—	—	—	—	27.0		平均流速	22.0	—	—	—	—	21.0
6号站	最大流速	50.0	—	—	—	—	48.0	17号站	最大流速	67.0	—	60.0	48.0	—	51.0
	最小流速	16.0	—	—	—	—	15.0		最小流速	15.0	—	16.0	11.0	—	13.0
	平均流速	34.0	—	—	—	—	34.0		平均流速	40.0	—	36.0	32.0	—	30.0
7号站	最大流速	114.0	—	112.0	—	110.0	105.0	18号站	最大流速	81.0	80.0	67.0	63.0	—	52.0
	最小流速	6.0	—	6.0	—	12.0	8.0		最小流速	5.0	8.0	5.0	8.0	—	3.0
	平均流速	60.0	—	59.0	—	58.0	55.0		平均流速	38.0	44.0	38.0	37.0	—	27.0
8号站	最大流速	78.0	—	—	—	—	68.0	19号站	最大流速	78.0	—	78.0	—	75.0	78.0
	最小流速	17.0	—	—	—	—	9.0		最小流速	25.0	—	28.0	—	36.0	42.0
	平均流速	47.0	—	—	—	—	39.0		平均流速	46.0	—	47.0	—	52.0	55.0
9号站	最大流速	108.0	—	—	90.0	—	39.0	20号站	最大流速	20.0	—	—	—	—	24.0
	最小流速	10.0	—	—	7.0	—	6.0		最小流速	3.0	—	—	—	—	5.0
	平均流速	58.0	—	—	51.0	—	21.0		平均流速	10.0	—	—	—	—	13.0
10号站	最大流速	87.0	89.0	—	74.0	70.0	42.0	21号站	最大流速	120.0	—	97.0	88.0	—	87.0
	最小流速	9.0	6.0	—	5.0	5.0	2.0		最小流速	14.0	—	15.0	16.0	—	11.0
	平均流速	51.0	50.0	—	46.0	42.0	13.0		平均流速	60.0	—	54.0	50.0	—	45.0
11号站	最大流速	106.0	—	98.0	—	—	49.0	22号站	最大流速	98.0	—	88.0	—	83.0	78.0
	最小流速	2.0	—	9.0	—	—	6.0		最小流速	15.0	—	15.0	—	19.0	10.0
	平均流速	57.0	—	54.0	—	—	22.0		平均流速	54.0	—	55.0	—	52.0	48.0

表 2-27 秋季各站各层中潮最大、最小及平均流速(cm/s)

站号	层次 流速	表层	0.2H	0.4H	0.6H	0.8H	底层	站号	层次 流速	表层	0.2H	0.4H	0.6H	0.8H	底层
1 号站	最大流速	53.0	—	—	—	—	38.0	12 号站	最大流速	80.0	—	79.0	73.0	—	57.0
	最小流速	2.0	—	—	—	—	9.0		最小流速	9.0	—	11.0	8.0	—	11.0
	平均流速	28.0	—	—	—	—	23.0		平均流速	42.0	—	40.0	37.0	—	30.0
2 号站	最大流速	—	—	—	61.0	—	—	13 号站	最大流速	25.0	—	—	—	—	16.0
	最小流速	—	—	—	1.0	—	—		最小流速	2.0	—	—	—	—	4.0
	平均流速	—	—	—	21.0	—	—		平均流速	14.0	—	—	—	—	13.0
3 号站	最大流速	70.0	—	—	67.0	—	41.0	14 号站	最大流速	41.0	—	—	—	—	41.0
	最小流速	2.0	—	—	3.0	—	4.0		最小流速	6.0	—	—	—	—	12.0
	平均流速	32.0	—	—	31.0	—	21.0		平均流速	27.0	—	—	—	—	26.0
4 号站	最大流速	46.0	—	—	—	—	35.0	15 号站	最大流速	66.0	60.0	—	—	59.0	59.0
	最小流速	13.0	—	—	—	—	13.0		最小流速	12.0	17.0	—	—	12.0	14.0
	平均流速	31.0	—	—	—	—	23.0		平均流速	37.0	37.0	—	—	35.0	34.0
5 号站	最大流速	36.0	—	—	—	—	17.0	16 号站	最大流速	35.0	—	—	—	—	32.0
	最小流速	3.0	—	—	—	—	2.0		最小流速	12.0	—	—	—	—	9.0
	平均流速	18.0	—	—	—	—	9.0		平均流速	22.0	—	—	—	—	21.0
6 号站	最大流速	43.0	—	—	—	—	39.0	17 号站	最大流速	56.0	—	54.0	52.0	—	57.0
	最小流速	15.0	—	—	—	—	13.0		最小流速	10.0	—	13.0	15.0	—	14.0
	平均流速	32.0	—	—	—	—	29.0		平均流速	30.0	—	30.0	31.0	—	29.0
7 号站	最大流速	69.0	—	62.0	—	55.0	50.0	18 号站	最大流速	41.0	50.0	61.0	48.0	—	32.0*
	最小流速	9.0	—	14.0	—	12.0	11.0		最小流速	2.0	4.0	9.0	12.0	—	2.0
	平均流速	37.0	—	35.0	—	32.0	30.0		平均流速	24.0	28.0	33.0	29.0	—	20.0
8 号站	最大流速	66.0	—	—	—	—	50.0	19 号站	最大流速	74.0	—	70.0	—	71.0	71.0
	最小流速	16.0	—	—	—	—	12.0		最小流速	30.0	—	25.0	—	38.0	44.0
	平均流速	41.0	—	—	—	—	36.0		平均流速	53.0	—	49.0	—	52.0	55.0
9 号站	最大流速	74.0	—	—	68.0	—	40.0	20 号站	最大流速	15.0	—	—	—	—	21.0
	最小流速	2.0	—	—	4.0	—	5.0		最小流速	1.0	—	—	—	—	2.0
	平均流速	37.0	—	—	37.0	—	20.0		平均流速	8.0	—	—	—	—	10.0
10 号站	最大流速	70.0	69.0	—	70.0	57.0	34.0	21 号站	最大流速	90.0	—	97.0	88.0	—	87.0
	最小流速	3.0	7.0	—	4.0	5.0	1.0		最小流速	13.0	—	11.0	10.0	—	14.0
	平均流速	35.0	36.0	—	33.0	31.0	10.0		平均流速	50.0	—	50.0	45.0	—	40.0
11 号站	最大流速	99.0	—	88.0	—	—	37.0	22 号站	最大流速	85.0	—	82.0	—	70.0	64.0
	最小流速	13.0	—	5.0	—	—	4.0		最小流速	12.0	—	14.0	—	14.0	10.0
	平均流速	46.0	—	42.0	—	—	15.0		平均流速	41.0	—	40.0	—	35.0	29.0

表 2-28　秋季各站各层小潮最大、最小及平均流速(cm/s)

站号	层次流速	表层	0.2H	0.4H	0.6H	0.8H	底层	站号	层次流速	表层	0.2H	0.4H	0.6H	0.8H	底层
1号站	最大流速	39.0	—	—	—	—	35.0	12号站	最大流速	84.0	79.0	—	—	88.0	69.0
	最小流速	3.0	—	—	—	—	4.0		最小流速	16.0	20.0	—	—	14.0	11.0
	平均流速	24.0	—	—	—	—	19.0		平均流速	50.0	49.0	—	—	45.0	41.0
2号站	最大流速	—	—	—	46.0	—	—	13号站	最大流速	23.0	—	—	—	—	19.0
	最小流速	—	—	—	6.0	—	—		最小流速	3.0	—	—	—	—	3.0
	平均流速	—	—	—	22.0	—	—		平均流速	13.0	—	—	—	—	11.0
3号站	最大流速	65.0	—	—	67.0	—	43.0	14号站	最大流速	43.0	—	—	—	—	37.0
	最小流速	2.0	—	—	4.0	—	2.0		最小流速	12.0	—	—	—	—	8.0
	平均流速	27.0	—	—	30.0	—	22.0		平均流速	26.0	—	—	—	—	24.0
4号站	最大流速	42.0	—	—	—	—	33.0	15号站	最大流速	70.0	—	66.0	—	61.0	63.0
	最小流速	11.0	—	—	—	—	9.0		最小流速	12.0	—	13.0	—	8.0	8.0
	平均流速	27.0	—	—	—	—	22.0		平均流速	40.0	—	38.0	—	32.0	28.0
5号站	最大流速	32.0	—	—	—	—	26.0	16号站	最大流速	29.0	—	—	—	—	26.0
	最小流速	2.0	—	—	—	—	2.0		最小流速	7.0	—	—	—	—	7.0
	平均流速	18.0	—	—	—	—	12.0		平均流速	19.0	—	—	—	—	17.0
6号站	最大流速	52.0	—	—	—	—	43.0	17号站	最大流速	59.0	—	55.0	—	55.0	55.0
	最小流速	13.0	—	—	—	—	5.0		最小流速	6.0	—	10.0	—	10.0	10.0
	平均流速	33.0	—	—	—	—	27.0		平均流速	34.0	—	31.0	—	29.0	27.0
7号站	最大流速	70.0	—	75.0	—	75.0	72.0	18号站	最大流速	69.0	53.0	58.0	52.0	—	38.0
	最小流速	11.0	—	10.0	—	7.0	8.0		最小流速	7.0	11.0	7.0	2.0	—	3.0
	平均流速	41.0	—	43.0	—	41.0	39.0		平均流速	33.0	32.0	30.0	26.0	—	20.0
8号站	最大流速	64.0	—	—	—	—	58.0	19号站	最大流速	68.0	—	69.0	—	72.0	77.0
	最小流速	10.0	—	—	—	—	11.0		最小流速	33.0	—	20.0	—	23.0	39.0
	平均流速	38.0	—	—	—	—	34.0		平均流速	50.0	—	50.0	—	54.0	59.0
9号站	最大流速	70.0	—	66.0	—	—	13.0	20号站	最大流速	16.0	—	—	—	—	21.0
	最小流速	11.0	—	6.0	—	—	2.0		最小流速	1.0	—	—	—	—	2.0
	平均流速	36.0	—	34.0	—	—	6.0		平均流速	8.0	—	—	—	—	9.0
10号站	最大流速	81.0	78.0	—	72.0	71.0	87.0	21号站	最大流速	97.0	—	84.0	79.0	—	72.0
	最小流速	3.0	4.0	—	3.0	3.0	1.0		最小流速	18.0	—	14.0	13.0	—	14.0
	平均流速	41.0	38.0	—	33.0	30.0	13.0		平均流速	54.0	—	46.0	40.0	—	35.0
11号站	最大流速	108.0	—	77.0	—	—	22.0	22号站	最大流速	54.0	—	53.0	—	47.0	41.0
	最小流速	9.0	—	3.0	—	—	1.0		最小流速	7.0	—	3.0	—	5.0	4.0
	平均流速	48.0	—	42.0	—	—	13.0		平均流速	31.0	—	32.0	—	30.0	25.0

春季大潮期、中潮期、小潮期各站各层流速矢量图如图 2-16 至图 2-18 所示。
秋季大潮期、中潮期、小潮期各站各层流速矢量图如图 2-19 至图 2-21 所示。

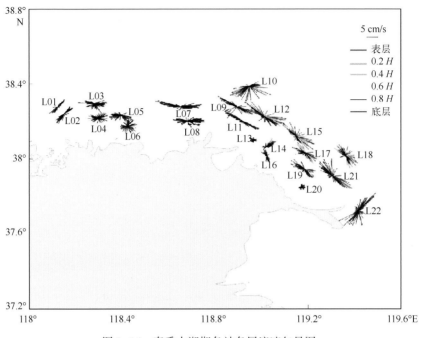

图 2-16 春季大潮期各站各层流速矢量图

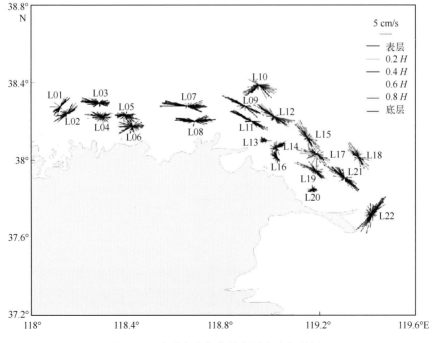

图 2-17 春季中潮期各站各层流速矢量图

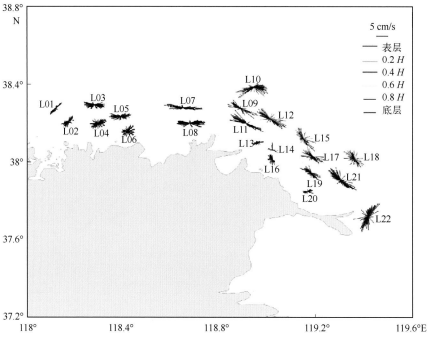

图 2-18　春季小潮期各站各层流速矢量图

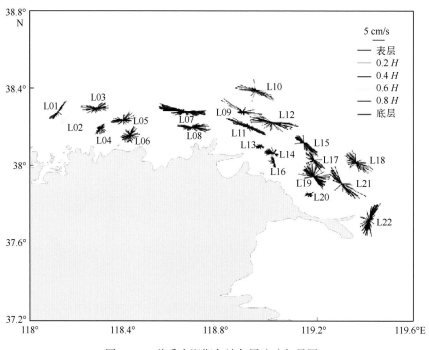

图 2-19　秋季大潮期各站各层流速矢量图

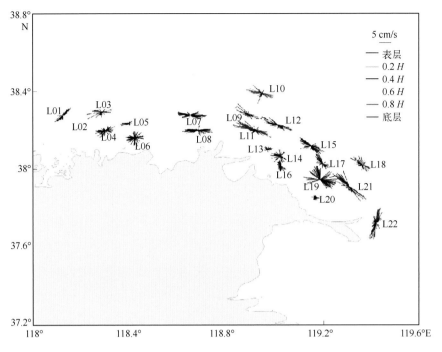

图 2-20　秋季中潮期各站各层流速矢量图

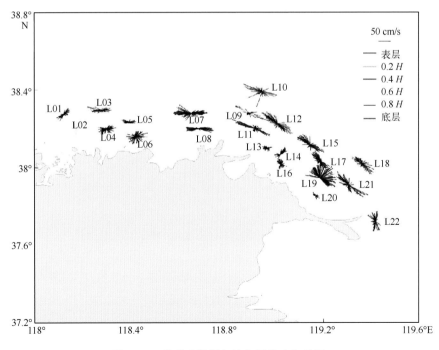

图 2-21　秋季小潮期各站各层流速矢量图

2.4.3 潮流调和分析

对潮流的调和分析采用准调和分析方法进行，对实测的流速、流向过程曲线经过修匀后采用引进差比数的方法，分析得出的各站各层的 O_1、K_1、M_2、S_2、M_4、MS_4 等 6 个分潮的调和常数和椭圆要素。

潮流的运动形式分旋转流和往复流，通常以旋转流 K 的绝对值大小来判断，当 $|K|=1$ 时，潮流椭圆成圆形，各方向流速相等，为纯旋转流；当 $|K|=0$ 时，潮流椭圆为一直线，海水在一个方向上做流动，为典型往复流。$|K|$ 值通常在 $0\sim1$ 之间，$|K|$ 值越大，旋转流的形式越显著，$|K|$ 值越小，往复流的形式越显著，但实际中理想的旋转流和典型的往复流很少存在，往往两种形式同时并存。K 值前面正负号表示潮流矢量随时间变化是按顺时针或逆时针方向，K 值的符号为"+"时，旋转的方向为逆时针，K 值的符号为"-"时，旋转的方向为顺时针。

由调和分析得到的旋转率可知：①不同潮期各站各分潮的旋转率有正有负，表明左旋右旋都有；②该海域以往复流为主，但是 6 号站大潮和小潮的 M_2 和 S_2 分潮的旋转率以及春季中潮期 16 号、17 号、18 号和 22 号站底层的 O_1 和 K_1 分潮的 K 值接近 1，说明旋转流的性质较为显著。

2.4.4 余流

一般来说，在近岸和河口区域，水质点经过一个潮流周期之后，并不回到原先的起始位置，从海流观测资料中去掉周期性潮流之外，还有一个剩余的部分，称为余流。各站各层实测余流列于表 2-29 至表 2-34，绘于图 2-22 至图 2-27。

表 2-29 春季各站各层大潮余流流速(cm/s)、流向(°)

序号	表层		0.2H		0.4H		0.6H		0.8H		底层	
	流向	流速	流向	流速	流向	流速	流向	流速	流向	流速	流向	流速
1 号站	298.0	2.0	—	—	—	—	—	—	—	—	205.0	1.0
2 号站	190.0	5.0	—	—	—	—	—	—	—	—	173.0	7.0
3 号站	186.0	6.0	—	—	188.0	8.0	—	—	—	—	189.0	8.0
4 号站	355.0	5.0	—	—	—	—	—	—	—	—	271.0	3.0
5 号站	184.0	13.0	—	—	—	—	—	—	—	—	191.0	9.0
6 号站	41.0	3.0	—	—	—	—	—	—	—	—	81.0	1.0
7 号站	10.0	8.0	—	—	317.0	7.0	—	—	286.0	5.0	279.0	5.0

续表

序号	表层		0.2H		0.4H		0.6H		0.8H		底层	
	流向	流速	流向	流速	流向	流速	流向	流速	流向	流速	流向	流速
8 号站	326.0	1.0	—	—	—	—	—	—	—	—	322.0	2.0
9 号站	81.0	9.0	—	—	—	—	62.0	4.0	—	—	21.0	1.0
10 号站	210.0	24.0	196.0	27.0	—	—	191.0	23.0	189.0	24.0	181.0	22.0
11 号站	310.0	8.0	—	—	283.0	6.0	—	—	—	—	260.0	7.0
12 号站	34.0	13.0	29.0	5.0	—	—	—	—	272.0	3.0	235.0	4.0
13 号站	25.0	2.0	—	—	—	—	—	—	—	—	226.0	3.0
14 号站	44.0	27.0	—	—	—	—	—	—	—	—	57.0	16.0
15 号站	64.0	15.0	51.0	2.0	—	—	266.0	5.0	—	—	278.0	5.0
16 号站	317.0	9.0	—	—	—	—	—	—	—	—	280.0	6.0
17 号站	319.0	1.0	241.0	6.0	—	—	247.0	8.0	—	—	229.0	9.0
18 号站	62.0	12.0	128.0	1.0	—	—	290.0	5.0	294.0	6.0	288.0	6.0
19 号站	335.0	6.0	—	—	—	—	279.0	11.0	261.0	12.0	250.0	12.0
20 号站	100.0	9.0	—	—	—	—	—	—	—	—	94.0	6.0
21 号站	27.0	21.0	—	—	307.0	10.0	—	—	286.0	9.0	275.0	8.0
22 号站	44.0	11.0	—	—	21.0	4.0	—	—	323.0	4.0	314.0	5.0

表 2-30　春季各站各层中潮余流流速(cm/s)、流向(°)

序号	表层		0.2H		0.4H		0.6H		0.8H		底层	
	流向	流速	流向	流速	流向	流速	流向	流速	流向	流速	流向	流速
1 号站	4.0	9.0	—	—	—	—	—	—	—	—	29.0	4.0
2 号站	351.0	7.0	—	—	—	—	—	—	—	—	16.0	8.0
3 号站	282.0	9.0	—	—	290.0	5.0	—	—	—	—	287.0	4.0
4 号站	287.0	12.0	—	—	—	—	—	—	—	—	305.0	6.0
5 号站	183.0	14.0	—	—	—	—	—	—	—	—	185.0	9.0
6 号站	239.0	9.0	—	—	—	—	—	—	—	—	193.0	5.0
7 号站	262.0	7.0	—	—	321.0	7.0	—	—	301.0	8.0	289.0	8.0
8 号站	328.0	6.0	—	—	—	—	—	—	—	—	322.0	6.0
9 号站	233.0	6.0	—	—	—	—	—	—	—	—	168.0	2.0
10 号站	189.0	22.0	180.0	21.0	—	—	180.0	23.0	175.0	23.0	180.0	26.0
11 号站	291.0	12.0	—	—	297.0	10.0	—	—	—	—	295.0	10.0
12 号站	340.0	6.0	177.0	2.0	—	—	—	—	185.0	5.0	182.0	7.0
13 号站	336.0	5.0	—	—	—	—	—	—	—	—	19.0	2.0
14 号站	332.0	2.0	—	—	—	—	—	—	—	—	53.0	18.0

序号	表层		0.2H		0.4H		0.6H		0.8H		底层	
	流向	流速	流向	流速	流向	流速	流向	流速	流向	流速	流向	流速
15 号站	17.0	4.0	47.0	5.0	—	—	182.0	2.0	—	—	211.0	4.0
16 号站	274.0	11.0	—	—							288.0	5.0
17 号站	208.0	15.0	205.0	13.0	—	—	184.0	13.0	—	—	186.0	5.0
18 号站	329.0	9.0	355.0	8.0			244.0	3.0	217.0	5.0	208.0	3.0
19 号站	292.0	18.0	—	—			264.0	5.0	218.0	4.0	209.0	3.0
20 号站	142.0	7.0	—	—							119.0	7.0
21 号站	300.0	8.0	—	—	6.0	4.0			223.0	2.0	167.0	3.0
22 号站	21.0	10.0	—	—	40.0	9.0			42.0	6.0	51.0	6.0

表 2-31　春季各站各层小潮余流流速(cm/s)、流向(°)

序号	表层		0.2H		0.4H		0.6H		0.8H		底层	
	流向	流速	流向	流速	流向	流速	流向	流速	流向	流速	流向	流速
1 号站	78.0	1.0	—	—	—	—	—	—	—	—	7.0	1.0
2 号站	47.0	2.0	—	—	—	—	—	—	—	—	115.0	1.0
3 号站	174.0	2.0	—	—	214.0	4.0	—	—	—	—	219.0	3.0
4 号站	54.0	5.0	—	—	—	—	—	—	—	—	196.0	2.0
5 号站	320.0	3.0	—	—	—	—	—	—	—	—	276.0	3.0
6 号站	51.0	2.0	—	—	—	—	—	—	—	—	125.0	1.0
7 号站	28.0	4.0	—	—	345.0	4.0	320.0	4.0	—	—	324.0	4.0
8 号站	58.0	1.0	—	—	—	—	—	—	—	—	73.0	1.0
9 号站	125.0	11.0	—	—	—	—	110.0	8.0	—	—	138.0	4.0
10 号站	207.0	16.0	194.0	17.0	—	—	164.0	12.0	158.0	12.0	163.0	10.0
11 号站	338.0	6.0	—	—	289.0	6.0	—	—	—	—	269.0	7.0
12 号站	93.0	6.0	30.0	2.0	—	—	—	—	202.0	3.0	233.0	4.0
13 号站	261.0	5.0	—	—	—	—	—	—	—	—	260.0	6.0
14 号站	332.0	2.0	—	—	—	—	—	—	—	—	53.0	18.0
15 号站	64.0	9.0	19.0	4.0	—	—	271.0	1.0	—	—	279.0	1.0
16 号站	262.0	6.0	—	—	—	—	—	—	—	—	293.0	5.0
17 号站	202.0	4.0	238.0	1.0	—	—	228.0	5.0	—	—	231.0	6.0
18 号站	210.0	3.0	269.0	6.0	—	—	295.0	5.0	273.0	5.0	298.0	6.0
19 号站	312.0	7.0	—	—	—	—	263.0	6.0	261.0	7.0	259.0	7.0
20 号站	228.0	2.0	—	—	—	—	—	—	—	—	81.0	3.0
21 号站	35.0	10.0	—	—	330.0	7.0	—	—	292.0	5.0	278.0	5.0
22 号站	176.0	5.0	—	—	57.0	5.0	—	—	336.0	5.0	304.0	6.0

表 2-32　秋季各站各层大潮余流流速(cm/s)、流向(°)

序号	表层		0.2H		0.4H		0.6H		0.8H		底层	
	流向	流速	流向	流速	流向	流速	流向	流速	流向	流速	流向	流速
1 号站	355.0	8.0	—	—	—	—	—	—	—	—	19.0	3.0
2 号站	—	—	—	—	—	—	250.0	1.0	—	—	—	—
3 号站	312.0	11.0	—	—	—	—	270.0	5.0	—	—	254.0	3.0
4 号站	196.0	2.0	—	—	—	—	—	—	—	—	167.0	4.0
5 号站	324.0	10.0	—	—	—	—	—	—	—	—	339.0	3.0
6 号站	8.0	2.0	—	—	—	—	—	—	—	—	209.0	4.0
7 号站	328.0	11.0	—	—	293.0	10.0	—	—	277.0	10.0	274.0	9.0
8 号站	109.0	1.0	—	—	—	—	—	—	—	—	162.0	1.0
9 号站	18.0	12.0	—	—	—	—	5.0	5.0	—	—	2.0	3.0
10 号站	183.0	7.0	198.0	7.0	—	—	215.0	11.0	213.0	12.0	348.0	1.0
11 号站	304.0	16.0	—	—	285.0	14.0	—	—	—	—	296.0	9.0
12 号站	157.0	10.0	—	—	169.0	5.0	179.0	7.0	—	—	192.0	9.0
13 号站	315.0	7.0	—	—	—	—	—	—	—	—	264.0	6.0
14 号站	297.0	13.0	—	—	—	—	—	—	—	—	279.0	13.0
15 号站	156.0	6.0	—	—	162.0	5.0	—	—	189.0	8.0	175.0	4.0
16 号站	312.0	5.0	—	—	—	—	—	—	—	—	289.0	4.0
17 号站	293.0	1.0	—	—	279.0	3.0	265.0	5.0	—	—	251.0	5.0
18 号站	91.0	9.0	144.0	10.0	176.0	8.0	195.0	8.0	—	—	197.0	5.0
19 号站	104.0	1.0	—	—	48.0	10.0	—	—	69.0	12.0	82.0	14.0
20 号站	75.0	2.0	—	—	—	—	—	—	—	—	183.0	5.0
21 号站	79.0	8.0	—	—	267.0	3.0	269.0	7.0	—	—	250.0	8.0
22 号站	38.0	10.0	—	—	40.0	7.0	—	—	340.0	4.0	284.0	5.0

表 2-33　秋季各站各层中潮余流流速(cm/s)、流向(°)

序号	表层		0.2H		0.4H		0.6H		0.8H		底层	
	流向	流速	流向	流速	流向	流速	流向	流速	流向	流速	流向	流速
1 号站	8.0	6.0	—	—	—	—	—	—	—	—	31.0	2.0
2 号站	—	—	—	—	—	—	153.0	9.0	—	—	—	—
3 号站	203.0	6.0	—	—	—	—	273.0	6.0	—	—	264.0	9.0
4 号站	221.0	5.0	—	—	—	—	—	—	—	—	270.0	2.0
5 号站	284.0	8.0	—	—	—	—	—	—	—	—	287.0	4.0
6 号站	138.0	8.0	—	—	—	—	—	—	—	—	100.0	2.0

序号	表层		0.2H		0.4H		0.6H		0.8H		底层	
	流向	流速	流向	流速	流向	流速	流向	流速	流向	流速	流向	流速
7 号站	97.0	9.0	—	—	105.0	7.0	—	—	121.0	4.0	150.0	2.0
8 号站	180.0	5.0	—	—	—	—	—	—	—	—	156.0	4.0
9 号站	344.0	4.0	—	—	—	—	327.0	8.0	—	—	288.0	5.0
10 号站	212.0	6.0	267.0	7.0	—	—	291.0	8.0	293.0	10.0	189.0	4.0
11 号站	285.0	7.0	—	—	282.0	9.0	—	—	—	—	220.0	6.0
12 号站	332.0	3.0	—	—	299.0	5.0	274.0	11.0	—	—	258.0	9.0
13 号站	—	—	—	—	—	—	—	—	—	—	—	—
14 号站	230.0	3.0	—	—	—	—	—	—	—	—	241.0	8.0
15 号站	167.0	6.0	40.0	1.0	—	—	—	—	283.0	5.0	284.0	7.0
16 号站	280.0	5.0	—	—	—	—	—	—	—	—	228.0	7.0
17 号站	1.0	8.0	—	—	347.0	8.0	328.0	9.0	—	—	305.0	7.0
18 号站	77.0	8.0	16.0	4.0	307.0	8.0	285.0	12.0	—	—	266.0	9.0
19 号站	56.0	8.0	—	—	75.0	5.0	—	—	55.0	21.0	52.0	22.0
20 号站	171.0	5.0	—	—	—	—	—	—	—	—	266.0	5.0
21 号站	294.0	8.0	—	—	314.0	13.0	312.0	11.0	—	—	311.0	9.0
22 号站	133.0	4.0	—	—	251.0	3.0	301.0	5.0	301.0	5.0	298.0	5.0

表 2-34 秋季各站各层小潮余流流速（cm/s）、流向（°）

序号	表层		0.2H		0.4H		0.6H		0.8H		底层	
	流向	流速	流向	流速	流向	流速	流向	流速	流向	流速	流向	流速
1 号站	47.0	2.0	—	—	—	—	—	—	—	—	72.0	2.0
2 号站	—	—	—	—	—	—	115.0	8.0	—	—	—	—
3 号站	318.0	7.0	—	—	—	—	281.0	10.0	—	—	269.0	6.0
4 号站	360.0	1.0	—	—	—	—	—	—	—	—	255.0	2.0
5 号站	8.0	3.0	—	—	—	—	—	—	—	—	274.0	3.0
6 号站	117.0	5.0	—	—	—	—	—	—	—	—	221.0	1.0
7 号站	327.0	8.0	—	—	277.0	6.0	—	—	266.0	9.0	246.0	9.0
8 号站	184.0	2.0	—	—	—	—	—	—	—	—	192.0	3.0
9 号站	341.0	5.0	—	—	—	—	307.0	9.0	—	—	276.0	2.0
10 号站	334.0	6.0	315.0	7.0	—	—	271.0	13.0	266.0	11.0	347.0	2.0

续表

序号	表层		0.2H		0.4H		0.6H		0.8H		底层	
	流向	流速	流向	流速	流向	流速	流向	流速	流向	流速	流向	流速
11 号站	295.0	13.0	—	—	280.0	13.0	—	—	—	—	299.0	1.0
12 号站	317.0	5.0	327.0	8.0	—	—	—	—	307.0	12.0	296.0	13.0
13 号站	245.0	3.0	—	—	—	—	—	—	—	—	271.0	3.0
14 号站	20.0	20.0	—	—	—	—	—	—	—	—	27.0	16.0
15 号站	27.0	4.0	40.0	1.0	307.0	7.0	—	—	305.0	11.0	293.0	11.0
16 号站	9.0	6.0	—	—	—	—	—	—	—	—	326.0	5.0
17 号站	181.0	2.0	—	—	318.0	5.0	328.0	9.0	316.0	13.0	304.0	13.0
18 号站	124.0	13.0	221.0	4.0	293.0	10.0	287.0	11.0	—	—	289.0	8.0
19 号站	62.0	12.0	—	—	68.0	17.0	—	—	68.0	29.0	69.0	30.0
20 号站	98.0	5.0	—	—	—	—	—	—	—	—	52.0	1.0
21 号站	35.0	6.0	—	—	334.0	11.0	306.0	17.0	—	—	295.0	16.0
22 号站	64.0	6.0	—	—	278.0	7.0	—	—	266.0	8.0	271.0	5.0

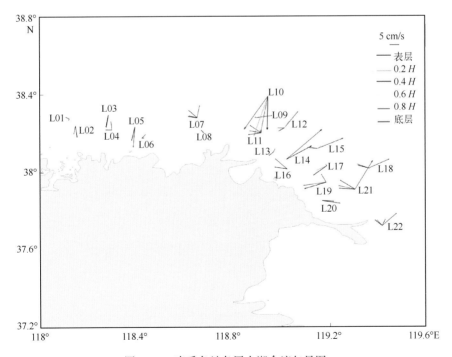

图 2-22 春季各站各层大潮余流矢量图

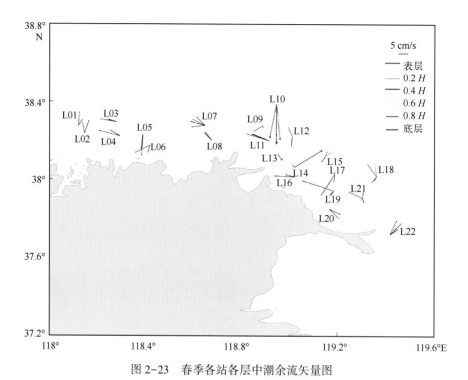

图 2-23　春季各站各层中潮余流矢量图

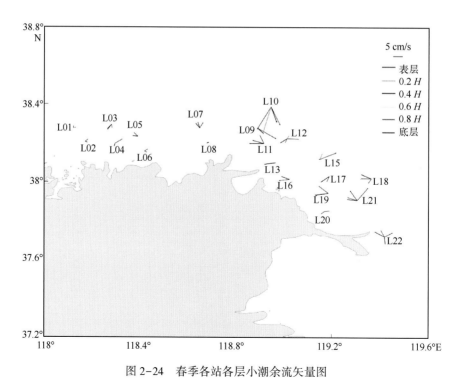

图 2-24　春季各站各层小潮余流矢量图

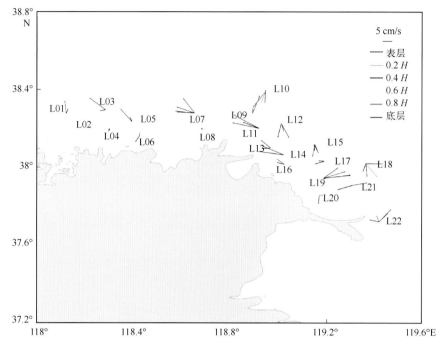

图 2-25　秋季各站各层大潮余流矢量图

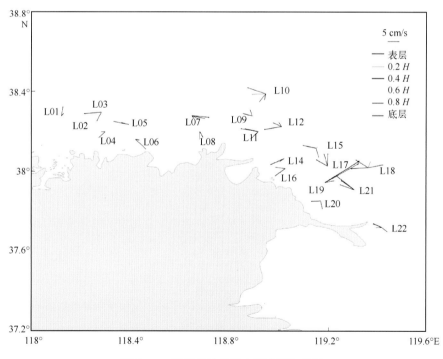

图 2-26　秋季各站各层中潮余流矢量图

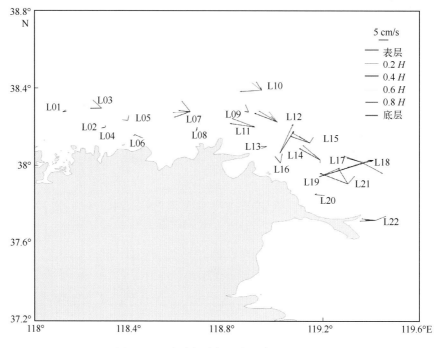

图 2-27　秋季各站各层小潮余流矢量图

由图表中看出以下特点：①总体上来说，各站位表层余流流速最大，底层最小，且不同站位方向变化较大；②春季大潮期 14 号站是所有测站流速最大的站位，表层余流流速达到了 27 cm/s；秋季大潮期则是 11 号站最大，表层余流流速达到了 16 cm/s；③中潮期 10 号站余流较大，流速为 22 cm/s，19 号站次之，流速为 18 cm/s；秋季余流流速普遍较小，7 号站最大，为 9 cm/s；④小潮期余流流速显著小于中潮和大潮，春季表层流速最大出现在 10 号站，为 16 cm/s；秋季表层流速最大出现在 14 号站，为 20 cm/s。

2.5　潮汐

渤海属于半封闭型内海，海阔水浅，岸线曲折多变，潮汐影响因素众多，潮汐性质复杂多变。

2.5.1　潮汐现象

半日潮波在渤海有两个潮波系统，一个在北，其无潮点位于秦皇岛外，一个在南,无潮点位于黄河海港外;渤海海峡有一日潮无潮点。强蚀岸段海区的潮汐动力处于黄河海港外半日潮无潮点的控制下,并处于日潮波的波腹地带,且在当地的自然环境等综合影响下,产生复杂的潮汐变化。

根据黄河海港实测资料(2014年6月至2015年5月)分析,埕岛海域的潮汐性质一年中呈规律性变化,6月、7月及12月、1月,本海域呈现不正规日潮的潮汐性质,其他月份则为不正规半日潮的潮汐性质。6月、7月、12月、1月中,1个月有约25 d的时间一天出现一次高潮和一次低潮,在其他月份1个月中只有约18 d的时间一天出现一次高潮和一次低潮,其余时间为一天出现两次高潮和两次低潮。一天中两次高潮的高度和两次低潮的高度显著不等,即本海域的潮汐日不等现象显著。

2.5.2 水位

对2005—2022年黄河海港实测潮位资料进行统计分析,平均海平面为实测潮位数据的平均值;平均高潮位为实测高潮位的平均值;平均低潮位为实测低潮位的平均值。黄河海港各月的平均水位见表2-35(85高程基准),可以看出,平均水位变化呈峰状,峰值出现在8月份,谷值在1月份,季节变化明显。这样显著的季节变化,除天文因素的作用外,气象因子也起了重要作用。如季风引起的增减水效应、海水密度变化等都是造成平均水位季节变化的重要原因。

胜利油田海域各月极高(低)水位见表2-36,胜利油田海域极高水位高出平均水位约2.21 m,为2019年台风"利奇马"影响期间出现的高潮位;极低水位低于平均水位约1.62 m。了解掌握该海区的极值水位,对于海上作业、海上建筑、航运事业都具有重要意义。极值水位并非单一天文潮所造成,产生的原因较复杂,它与异常天气、海区形状、地理位置、自然环境和假潮等有密切关系,是一个随机量,强蚀岸段海域的极值高、低水位主要是风和天文因素共同作用的结果。

表2-35 2005—2022年平均水位(m)

月份	1	2	3	4	5	6	7	8	9	10	11	12	年
平均海平面	-0.08	-0.06	0.02	0.14	0.23	0.33	0.4	0.43	0.35	0.23	0.09	-0.06	0.17
平均最高潮位	0.31	0.34	0.41	0.54	0.65	0.77	0.83	0.81	0.7	0.61	0.5	0.35	0.57
平均最低潮位	-0.57	-0.49	-0.38	-0.26	-0.2	-0.12	-0.07	-0.01	-0.05	-0.2	-0.4	-0.57	-0.27

表 2-36　2005—2022 年极高、极低水位（m）

月份	1	2	3	4	5	6	7	8	9	10	11	12	全年
极高水位	1.06	1.56	1.42	1.36	1.43	1.5	1.33	2.38	1.37	1.83	1.68	1.37	2.38
极低水位	-1.32	-1.42	-1.36	-1.25	-0.7	-0.68	-0.53	-0.68	-0.74	-1.01	-1.34	-1.45	-1.45

2.5.3　潮差

潮差是一个海区潮汐强弱的重要标志之一。由于资料的年限长短不同，平均潮差差异较大，如月平均潮差、年平均潮差、多年平均潮差都有较大的差别。

表 2-37 给出了观测期间的潮差值。一年中该海域海区 8 月出现最大潮差为 2.02 m。最大潮差的出现不但受天文因子的制约，而且受气象因子影响。

表 2-37　平均潮差和最大潮差（m）

月份	1	2	3	4	5	6	7	8	9	10	11	12	年
最大潮差	1.8	1.88	1.94	1.71	1.87	1.84	1.79	2.02	1.37	2.01	1.94	1.75	2.02
平均潮差	0.84	0.77	0.75	0.76	0.81	0.85	0.85	0.79	0.7	0.8	0.87	0.88	0.81

2.5.4　潮汐特征

收集了胜利油田海域 3 个站位的潮汐观测资料，分别位于飞雁滩、桩西 106、孤东 59 井（表 2-38）。

表 2-38　胜利油田海域潮位资料收集情况

站位	分辨率
飞雁滩	1 h
桩西 106	1 h
孤东 59 井	1 h

使用调和分析方法，对该海域收集的潮汐资料进行调和分析，计算各主要分潮的调和常数，计算结果见表 2-39。

表 2-39　胜利油田海域潮位主要分潮调和常数

站名	位置		O_1		K_1		M_2		S_2	
	N	E	振幅/cm	迟角/°	振幅/cm	迟角/°	振幅/cm	迟角/°	振幅/cm	迟角/°
飞雁滩	38.09°	118.61°	20.33	110.87	25.20	164.52	40.88	122.85	10.22	195.25
孤东59号	37.91°	119.09°	19.83	113.29	23.85	168.47	10.00	291.45	4.65	9.10
桩西106	38.13°	118.88°	12.25	114.98	14.56	173.48	13.67	126.48	2.60	173.13

根据半日潮与全日潮振幅之比来判断潮汐性质（即 O_1、K_1、M_2 分潮振幅之比 $HR = \dfrac{H_{O_1} + H_{K_1}}{H_{M_2}}$，式中 H 为分潮的振幅）。若 $HR \leq 0.5$ 为正规半日潮；$0.5 < HR \leq 2.0$ 为不正规半日潮混合潮；$2.0 < HR \leq 4.0$ 为不正规日潮混合潮；$HR > 4.0$ 则为正规全日潮。各观测站的潮汐性质见表 2-40。可以看出，各站位潮流性质表现不一，飞雁滩和桩西 106 为不正规半日潮混合潮，孤东 59 井为正规全日潮。

表 2-40　观测站的潮汐性质

站位	飞雁滩	孤东 59 井	桩西 106
$(H_{O_1} + H_{K_1})/H_{M_2}$	1.11	4.37	1.96
$g_{O_1} + g_{K_1} - g_{M_2}$	152.54	-9.69	161.98

从半日潮和全日潮位相差值，可以说明多种多样的潮汐现象。当相位差为 0° 时，出现高潮不等；相位差为 90° 或 270° 时，既出现高潮不等也出现低潮不等；相位差为 180° 时，出现低潮不等。由表可知，埕岛海域全日潮和半日潮相位差较接近 0° 和 180°，说明该区高潮不等和低潮不等现象较明显。

2.6　风暴潮

2.6.1　风暴潮概况

风暴潮是指由于剧烈的大气扰动，如热带气旋（台风）、温带气旋、冷锋的强风作用和气压骤变等强烈的天气系统，引起的海面异常升高或降低的现象。风暴潮与天文潮高潮相叠加时，常使沿岸海水暴涨因而造成巨大潮灾。按诱发风暴潮的天气系统特征，可分为温带风暴潮和台风风暴潮两大类。

渤海是我国北方的一个半封闭型内海，平均水深不到 20 m，沿岸春、秋、冬季多有温带风暴潮发生，在夏、秋季节还会受到台风的侵袭造成风暴潮，莱州湾和渤海湾沿岸是我国风暴潮频发区和严重区。胜利油田海域地处黄河三角洲，由于滩涂广阔、坡度平缓、水深较浅等自然地理特点，沿岸成为产生风暴潮灾害最严重的区域之一，沿岸极易发生风暴潮。历史上多次造成大量人员死亡和严重经济财产损失。在近岸，风暴潮和海浪的联合作用可引起严重潮灾。

2.6.2 风暴潮基本特征

20 世纪以来，莱州湾和渤海湾沿岸遭受过多次风暴潮侵袭，引发水位暴涨，海水浸溢内陆，酿成灾害。其中严重的有 1964 年、1969 年、1980 年、2003 年由寒潮风暴潮造成的灾害和 1985 年、1992 年、1997 年、2019 年由台风引起的风暴潮灾害。

考虑到风暴潮的产生具有一定的地区性，而不是仅仅限于一个小范围的特定海区，因此在讨论埕岛海域风暴潮特征时，以包括黄河三角洲附近更大海域中所发生的风暴潮为对象进行分析。

2.6.2.1 风暴潮增水的季节性变化

根据黄河海港和孤东验潮站实测的水位资料，对该地区 2005—2022 年间发生的较大风暴潮做了统计分析，其结果列于表 2-41 中。

表 2-41　胜利油田海域较大风暴潮

月份	1	2	3	4	5	6	7	8	9	10	11	12	全年合计
黄河海港	0	2	1	1	1	1	0	7	1	4	5	1	24
孤东	2	2	3	0	1	2	0	2	1	11	4	1	29

由表 2-41 可见，该海域的风暴潮一年四季都有发生，但存在着明显的季节性变化，冬季所在半年中发生的次数远多于夏季所在半年中的次数，尤其以每年秋冬和冬春季节交替时期风暴潮发生最为频繁。在该地区的风暴潮中，增水过程多于减水过程。夏季主要受台风的影响，更是以增水为主，很少出现减水。由于每年大风

过程出现的次数与强弱都不同，若干年平均的风暴潮次数、极值大小、出现的季节和时间等也会因平均时所选的时段不同而有差别。

2.6.2.2 风暴潮年极值增水的年际变化

对埕岛海域 1960—1980 年 21 年间每年所发生的最大风暴潮的个例进行数值计算和相关分析，得出该海域的风暴潮年极值增水的年际变化。

1）年极值增水的年际变化

埕岛海域年极值增水年际变化较大，一般年份的极值增水在 1.3~1.6 m 之间。只有 1975 年的极值增水低于 1.0 m(98 cm)。这种年极值增水的较大年际变化是因每年渤海上空的气象扰动的强弱不同所造成的。

2）年极值增水各月出现次数的变化

埕岛海域风暴潮年极值增水的月出现率，列于表 2-42。可以看出，该地区历年的极值增水大多出现在 10 月、8 月，但较大的增水常发生在夏季，尤其以在 8 月份出现的极值增水最大，10 月次数最多。台风潮主要出现在 7、8 两个月份。

表 2-42 极值增水月出现次数

月份	1	2	3	4	5	6	7	8	9	10	11	12
黄河海港	0	2	0	0	0	0	0	5	1	6	2	0

3）年极值增水的地理分布

埕岛海域年极值增水在 1.8~3.2 m 之间变化，平均值为 2.2 m。由此可见，当风暴侵袭黄河三角洲海域时，海域遭受的风暴潮灾害，通常较附近海域也要重些，这与埕岛地区海岸向海突出的地形有关。

刘安国和张德山于 1991 年统计了自 167 年至 1985 年期间发生在环渤海沿岸的风暴潮次数并作出地理分布(图 2-28)。由图中可以看出，黄河三角洲及莱州湾是风暴潮的重灾区。需要说明的是，刘安国和张德山所统计的风暴潮，是从历史记载的重大风暴潮中选取较完整记载的 50 例作为统计，以阴历计算，把发生在夏季的风暴潮通称为台风潮，把发生在春季和秋季的寒潮风暴分别称为春季风潮和秋季风潮，没有根据天气形式具体分析，所以对风暴潮的分类统计结果与本章其他章节的有所差异。

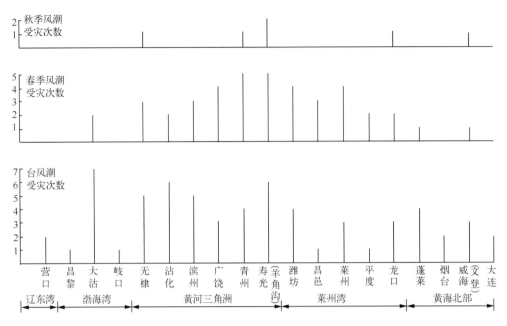

图 2-28　环渤海沿岸风暴潮灾的地理分布

[刘安国，张德山. 环渤海的历史风暴潮探讨. 青岛海洋大学学报(自然科学版)，1991，21(2)：21-36]

2.6.2.3　埕岛海域风暴潮的主要特征

由 1980 年 4 月的寒潮风暴潮和 1985 年 8509 号台风引起的风暴潮增水过程，无论是寒潮风暴潮或是台风潮，在增水过程中都有明显的初振、主振和余振三个阶段。在主振阶段，水位的变化比较剧烈，但增水曲线较为平滑，不含明显的潮周期震动。这主要是该海区的潮差小，潮汐的影响相对较弱。另外，强风作用的时间短，使得天文潮与风暴潮之间的非线性耦合不强烈。对寒潮而言，一般呈现出先增水后减水的变化，这是由于渤海是一个半封闭海域，渤海水体对风场作整体响应，因而在强风过后出现了惯性振荡。

2.6.3　风暴潮的成因机制

发生在埕岛海域的风暴潮，诱因有两个：①北上台风引起的台风潮。近百余年来发生的 10 次特大风暴潮中，有 6 次是由台风引起的台风潮，即 1890 年、1938 年、1985 年、1992 年、1997 年、2019 年各有一次。一般说来，北上台风的次数较少，且衰减较快，而且每一次台风潮最大增水也不一定出现在天文高潮期，所以形成大潮灾的次数并不是很多，平均 20~30 年才出现一次。但值得注意的是，近年来大的台风潮灾出现日益频繁的趋势。继 1985 年出现了大的台风潮灾后，在 1992 年、1997 年和 2019 年又出现了三次。②渤海出现的寒潮大风，特别是高低气压配合的天气形势往往导致海面出现强风，造成大的风暴潮，如果再遇到天文高潮，必定造成潮灾。在近百余年的 11 次潮灾中，有 4 次是由寒潮大风所诱发的。

2.6.3.1　冷锋配合高低压型天气系统引起的风暴潮

这就是前面我们所说的寒潮风潮。该系统多发生在冬到春或秋到冬的过渡季节。在冷锋过境前，黄海、渤海中盛行南到东南风，这样便使得一部分海水通过渤海海峡进入渤海，向北偏西方向输送，造成渤海东北部海区水位升高。在这以后，由于较强的冷空气东移南下，配合江淮气旋或倒槽，使渤海海域水平气压梯度增大，形成七级以上的东北大风。这样，就发生了由东北向西南方向流动的风海流，使渤海湾与莱州湾沿岸的水位增高，从而在整个渤海中出现水位南高北低的状况。也正是在这种高低压配合的天气形势下，在埕岛海域出现较大的增水。由这种天气系统所导致的风暴潮频次较多，其中不乏危害很大者，这是在埕岛海域引起风暴潮的主要类型。20 世纪 60 年代出现的两次特大风暴潮都是由这类天气形势造成的。

2.6.3.2　台风潮的成因机制

根据北上台风路径的特点，可以把影响渤海的台风分为以下两类。

(1)穿越山东半岛进入渤海的，这种台风在 1948—1985 年之间共出现了 11 次；

(2)擦过渤海海峡的外围向西北或东北方向移动的，这种台风在 1945—1985 年之间共发生过 13 次。

由表 2-43 可见，影响渤海的台风绝大部分出现在 7 月、8 月两个月份，因此 7 月、8 月两个月份是渤海中防御台风潮灾害的季节。

表 2-43　影响强蚀岸段海域的台风的时间

第一类	第二类
1953 年 6 月 26 日至 7 月 8 日	1949 年 7 月 19—28 日
1955 年 7 月 15—18 日	1950 年 7 月 13—23 日
1958 年 8 月 7—27 日	1954 年 8 月 19—28 日
1960 年 7 月 17 日至 8 月 1 日	1956 年 8 月 25 日至 9 月 6 日
1960 年 7 月 28 日至 8 月 6 日	1960 年 7 月 28 日至 8 月 6 日
1967 年 7 月 20—31 日	1962 年 7 月 30 日至 8 月 9 日
1970 年 6 月 11—17 日	1964 年 8 月 29 日至 9 月 8 日
1972 年 7 月 5—30 日	1964 年 7 月 26 日至 8 月 6 日

第一类	第二类
1973 年 7 月 11—20 日	1965 年 7 月 19—30 日
1974 年 8 月 27 日至 9 月 1 日	1966 年 8 月 13—29 日
1985 年 8 月 16—20 日	1966 年 8 月 29 日至 9 月 9 日
	1982 年 8 月 1—19 日

渤海的大部分区域处于台风移行前方的左半圆中,因而渤海中台风引起最大风的主方向是偏北向的,大风一般持续 1~2 d。在这种偏北大风的作用下,海水从辽东变向转为向渤海湾南部移动,使得黄河三角洲及埕岛油田海域水位升高。

这类风暴潮所造成的危害很大,如 1938 年、1972 年、1974 年、1985 年和 1992 年等台风过程都带来了潮灾。其中 1938 年、1972 年、1985 年和 1992 年都造成了严重的风暴潮灾。

台风大风的地理分布特点是渤海南部及海峡区的风力较北部海区大,在距台风中心或其登陆点近的区域内风力较强,造成的台风潮也较大,反之较弱。

实际水位的变化是天文潮和风暴潮共同作用的结果,但是,对于埕岛海域这样潮差小的海区,气象因子却起着决定性的作用。

2.6.4 重要风暴潮过程个例

埕岛海域历史上曾多次发生过风暴潮灾,近百余年来,大的风暴潮就出现过 11 次,它们分别发生在 1938 年、1964 年、1969 年、1980 年、1985 年、1992 年、1997 年、2003 年、2005 年、2018 年、2019 年。其中 1938 年 8 月 31 日发生的风暴潮造成了该地区历史上罕见的潮灾,其最大增水(埕北西部)估算可能达 2.75 m。海水倒灌,淹没了许多村镇和良田,灾情甚为严重。

1986 年 12 月 14 日在埕岛海域观测到一次强风暴潮增水。14 日 09 时最大增水为 1.76 m,0.5 m 以上的增水持续了 20 h,1 m 以上的增水持续了 12 h,1.5 m 以上的增水持续了 6 h 之久。14 日的天文高潮出现在 11 时,极值增水叠加在天文高潮上,出现了异常高的水位。14 日的平均海平面比月平均海平面高出了 0.98 m,一天多没有出现低潮,致使上涨的海水冲毁了正在兴建中的防波堤,淹没了民工居住的帐篷。

1987 年 2 月 3 日的平均海平面比月平均海平面低 1.12 m,连续两天没有出现涨潮。3 日最大减水叠加到了天文低潮上,使大片海滩露出水面。

1992 年 9216 号台风引起的风暴潮是进入 90 年代以来很重要的一次。台风于 8

月31日6时在福建长乐沿海登陆，14日后减为低气压，9月1日20时前后由苏、鲁交界处入海，穿过山东半岛移出。1992年第16号强热带风暴历时6 d(8月28日至9月2日)，由南向北先后波及六省两市，受灾人口达4.70万，造成直接经济损失71亿元。

1997年8月20日9711号台风"温妮"给本海域带来大风、大浪和暴雨，对涉海产业造成了较大损失，使胜利油田部分油井被潮水淹没，井架被摧毁。东营在20日一度曾有6 900人被潮水围困。初步计算，台风造成直接经济损失12.7亿元，其中油田直接和间接损失5.7亿元。

2003年10月12日，油田近海出现一次温带气旋天气过程，东北风8~9级，阵风10级，最大风速达26.8 m/s，8级以上大风52 h，9级以上大风28 h，阵风10级5 h。此次过程，风暴增水明显，老292人工岛30余人被救援(受困30 h)。半月后10月27日受温带气旋影响，同一地点撤离时19人遇难。

2005年8月8日，受9号台风"麦莎"影响，胜利油区出现大到暴雨天气，油田近海出现8~9级阵风、11级东北大风。

2018年8月15日"180815"温带风暴潮，强热带风暴"摩羯"减弱形成的低压从渤海湾附近出海，在其与冷空气共同作用下，出现了一次较强的温带风暴潮过程。周边沿海观测到的最大风暴增水为176 cm，发生在潍坊站；黄骅站为163 cm，天津市塘沽站为113 cm，滨州站为120 cm。黄骅站最高潮位达到当地黄色警戒潮位。黄河海港潮位达到127 cm的高潮位。

2019年8月11日，受1909号台风"利奇马"影响，周边沿岸观测到的最大风暴增水：黄骅站为233 cm，黄河海港站为194 cm、龙口站为166 cm、东营港站为156 cm，其中黄河海港站最高潮位达到当地红色警戒潮位，并超过当地红色警戒潮位18 cm。山东省直接经济损失达21.63亿元。黄河海港站最高潮位达到238 cm(警戒水位166 cm，超72 cm)，垦东12最高潮位275 cm(警戒水位145 cm，超130 cm)，警戒水位以上维持约14 h。在此期间，孤东一段海堤在大风、巨浪、风暴潮作用下被冲毁。

2.7 海冰

冰情资料主要来自自然资源部北海预报减灾中心为胜利油田提供的2005—2021年冬季胜利油田海域冰情资料。

2.7.1 冰情概况

胜利油田海域地处黄河入海口近海海域，该海域潮间带宽，坡度平缓，水深较浅，受陆地影响显著，对气温变化敏感，冰情短期内常常变化剧烈。该海域由于其地理纬度偏北，且处于北半球结冰海域的边缘地带，冬季受欧亚大陆南下冷空气影响频繁，每年冬季都有不同程度的结冰现象。在冰情偏重年或重冰年份，海冰可封锁港湾和航道，撞坏船只，摧垮海上石油钻井架和港口建设设施等，给海上石油勘探开发和生产作业等造成很大影响和巨大的经济损失。

2.7.2 冰情时空分布特征

冰情的时空分布是指海冰随海洋水文气象因素在时间和空间上的生消变化过程和海冰在海面上的分布状况。

2.7.2.1 冰情时间分布

冰情的时间分布包括冰日和冰期两个特征量。冰日是指结冰海区海冰的初冰日、严重冰日、融冰日和终冰日。冰期是指初冰日至终冰日的天数，按照海冰生消变化特征，海冰冰期又分为初冰期、严重冰期和终冰期三个阶段。初冰期是指初冰日至严重冰日的间隔天数；严重冰期是指严重冰日至融冰日的间隔天数；终冰期是指融冰日至终冰日的间隔天数。

根据 2005—2021 年冬季胜利油田海域海冰监测资料分析，胜利油田海域的初冰日一般为 12 月中旬，但各年差距较大，最早为 12 月 3 日，最晚为 1 月 6 日，相差一个多月的时间；严重冰日一般在翌年 1 月中旬；融冰日一般在翌年 2 月上旬；终冰日一般在翌年 2 月下旬，最早出现在 2 月 14 日，最晚出现在 2 月 28 日；冰期一般为 60~80 d，最短的不足 50 d，最多的可达 83 d；严重冰期为 20 d 左右，一般在 1 月中旬到 2 月上旬，最长 41 d，出现在 2012—2013 年冬季，其次是 31 d，出现在 2009—2010 年冬季；终冰期一般为 15 d 左右。详见表 2-44 和表 2-45。

表 2-44　胜利油田海域历年海冰冰日（2005—2021 年冬季）

年度冬季	初冰日	严重冰日	融冰日	终冰日
2005—2006	2005 年 12 月 3 日	2006 年 2 月 3 日	2006 年 2 月 13 日	2006 年 2 月 25 日
2006—2007	2006 年 12 月 17 日	2007 年 1 月 9 日	2007 年 1 月 17 日	2007 年 2 月 2 日

续表

年度冬季	初冰日	严重冰日	融冰日	终冰日
2007—2008	2007 年 12 月 28 日	2008 年 1 月 25 日	2008 年 2 月 14 日	2008 年 2 月 25 日
2008—2009	2008 年 12 月 8 日	2009 年 1 月 12 日	2009 年 1 月 30 日	2009 年 2 月 19 日
2009—2010	2009 年 12 月 18 日	2010 年 1 月 4 日	2010 年 2 月 4 日	2010 年 2 月 24 日
2010—2011	2010 年 12 月 14 日	2011 年 1 月 10 日	2011 年 2 月 6 日	2011 年 2 月 26 日
2011—2012	2011 年 12 月 12 日	2012 年 1 月 22 日	2012 年 2 月 12 日	2012 年 2 月 27 日
2012—2013	2012 年 12 月 8 日	2013 年 1 月 3 日	2013 年 2 月 13 日	2013 年 2 月 28 日
2013—2014	2013 年 12 月 18 日	2014 年 2 月 10 日	2014 年 2 月 14 日	2014 年 2 月 24 日
2014—2015	2014 年 12 月 13 日	无	无	2015 年 2 月 14 日
2015—2016	2015 年 12 月 29 日	2016 年 1 月 19 日	2016 年 2 月 10 日	2016 年 2 月 26 日
2016—2017	2017 年 1 月 6 日	2017 年 1 月 21 日	2017 年 2 月 3 日	2017 年 2 月 18 日
2017—2018	2017 年 12 月 10 日	2018 年 1 月 24 日	2018 年 2 月 10 日	2018 年 2 月 21 日
2018—2019	2018 年 12 月 8 日	无	无	2019 年 2 月 21 日
2019—2020	2019 年 12 月 30 日	无	无	2020 年 2 月 19 日
2020—2021	2020 年 12 月 15 日	2021 年 1 月 7 日	2021 年 1 月 23 日	2021 年 2 月 18 日
2021—2022	2021 年 12 月 28 日	无	无	2022 年 2 月 22 日

表 2-45　胜利油田海域历年冬季海冰冰期(2005—2021 年冬季)

年度冬季	初冰期/d	严重冰期/d	终冰期/d	总冰期/d
2005—2006	55	15	13	83
2006—2007	25	8	15	48
2007—2008	28	20	12	60
2008—2009	35	18	20	73
2009—2010	17	31	21	69
2010—2011	27	27	21	75
2011—2012	41	21	16	78
2012—2013	26	41	16	83
2013—2014	54	4	11	69
2014—2015	0	0	0	64
2015—2016	21	22	17	60
2016—2017	15	13	16	44
2017—2018	45	18	11	74
2018—2019	0	0	0	75

年度冬季	初冰期/d	严重冰期/d	终冰期/d	总冰期/d
2019—2020	0	0	0	51
2020—2021	23	17	25	65
2021—2022	无	无	无	66
多年平均	35	20	20	75

3.7.2.2　冰情空间分布

冰情空间分布是指海冰在海面上的自然分布状况。海冰根据其空间特性分为固定冰和浮冰两类，其中固定冰是指与海岸、岛屿或海底部分冻结在一起，不能做水平运动的海冰；浮冰是指浮在海面上，随风、流、浪的作用而流动的海冰。

冰情空间分布的特征量主要指固定冰的宽度、浮冰最大外缘线、海冰类型及冰厚等要素。胜利油田海域历年冬季冰情空间分布特征量见表2-46和表2-47。

表2-46　胜利油田海域历年冬季固定冰特征(2005—2021年冬季)

年度	最大宽度/m	固定冰最大厚度/cm	固定冰最大堆积量(成)	固定冰最大堆积高度/m
2005年冬	2000	20	2	0.5
2006年冬	2000	20	2	0.5
2007年冬	1800	20	2	0.8
2008年冬	3000	50	3	0.8
2009年冬	5000	50	5	3.0
2010年冬	4000	50	4	2.0
2011年冬	1500	30	4	1.0
2012年冬	1500	30	3	1.5
2013年冬	500	15	1	0.5
2014年冬	500	15	1	0.5
2015年冬	1500	30	3	1.5
2016年冬	800	10	1	0.5
2017年冬	500	10	1	0.8
2018年冬	300	10	1	0.5
2019年冬	300	10	1	0.5
2020年冬	2000	20	4	1.0
2021年冬	200	10	1	0.5

表 2-47 胜利油田海域历年冬季浮冰特征(2005—2021 年冬季)

年度	冰量 (成)	密集度 (成)	平整冰厚/cm		最大浮冰外缘线 /(n mile)
			一般	最大	
2005 年冬	5~7	6~8	3~6	10	15
2006 年冬	4~5	5~6	3~5	15	5
2007 年冬	4~6	4~6	2~4	8	11
2008 年冬	≥8	≥8	5~10	15	18
2009 年冬	≥8	≥8	10~15	35	20
2010 年冬	≥8	≥8	10~15	30	20
2011 年冬	≥8	≥8	5~10	20	13
2012 年冬	≥8	≥8	10~15	20	15
2013 年冬	2~4	4~6	2~4	6	5
2014 年冬	2~4	4~6	2~4	6	5
2015 年冬	≥8	≥8	10~15	20	15
2016 年冬	2~4	4~6	5	8	5
2017 年冬	4~6	4~6	5~10	15	5
2018 年冬	2~4	4~6	5	10	5
2019 年冬	2~4	4~6	5	8	5
2020 年冬	9	9	10~15	20	18
2021 年冬	2	2	5	10	3

2.7.2.3 浮冰流向和流速

该区域常年除当地生成的海冰外,则主要来自渤海湾。受风、浪、流等外力作用下,浮冰会发生漂移流动。根据监测数据和历史资料综合分析,2005—2018 年冬季胜利油田海域大部分海区的浮冰漂流方向与主潮流运动方向大致相仿,但不同海域存在一定差异,近岸基本与岸线平行,但当风速>8 m/s 时,流冰方向基本与风向一致。其中飞雁滩海域的浮冰漂移方向大致是 WNW-ESE 向,浮冰漂流速度为 0.3~0.4 m/s,最大为 0.8 m/s;黄河海港海域浮冰漂流方向主要为 NNW-SSE 方向,浮冰漂流速度为 0.4~0.5 m/s。

2.7.2.4 冰情等级与特征

海冰冰情采用冰情等级作为指标。冰情等级主要根据历年海冰卫星遥感、海冰船舶调查、海冰航空监测和海冰岸站监测的冰情资料，以浮冰最大外缘线和海冰厚度为主要指标。按照国家海洋局 1973 年制定的《渤海及黄海北部冰情等级》标准，渤海海冰冰情共分 5 个等级，为轻冰年、偏轻冰年、常冰年、偏重冰年以及重冰年（表 2-48）。

表 2-48　我国各结冰海区的海冰冰情等级

冰情等级	辽东湾			渤海湾			莱州湾			黄海北部		
	外缘线/(n mile)	冰厚/cm		外缘线/(n mile)	冰厚/cm		外缘线/(n mile)	冰厚/cm		外缘线/(n mile)	冰厚/cm	
		一般	最大		一般	最大		一般	最大		一般	最大
轻冰年	<35	<15	30	<5	<10	20	<5	<10	20	<10	<10	20
偏轻冰年	35~65	15~25	4.5	5~15	10~20	35	5~15	10~15	30	10~15	10~20	35
常冰年	65~90	25~40	60	15~35	20~30	50	15~25	15~25	45	15~25	20~30	50
偏重冰年	90~125	40~50	70	35~65	30~40	60	25~35	25~35	50	25~30	30~40	65
重冰年	>125	>50	100	>65	>40	70	>35	>35	70	>30	>40	80

胜利油田海域地处黄河入海口近海海域，海岸线北起渤海湾南部的套尔河口，南至莱州湾西侧支脉河口，地形平坦开阔，底平坡小，深度较浅，由于淡水的大量流入，海水盐度较低，对气温变化敏感。另外该海域流速偏大，在外力作用下混合强烈，该海域海冰生成较快，消失也快。

根据 20 世纪 60 年代以来断断续续的海冰资料，参照国家海洋局 1973 年制定的《渤海及黄海北部冰情等级》，以海冰的范围和厚度为标准，将胜利油田海域冰情划分为轻冰年、偏轻冰年、常冰年、偏重冰年和重冰年五个等级。

1）轻冰年

轻冰年，该海域除河口、浅滩、岬湾和个别岸段会出现短期冰情外，不会发生大面积较长时间的结冰现象。冰期内冰型主要为初生冰（N）和冰皮（R），冰厚一般小于 3 cm。因此，在轻冰年冰情对该海域海上交通运输和海上设施无甚影响。

2）偏轻冰年

偏轻冰年，该海域冰情严重时最大浮冰外缘线为 5~10 n mile；冰型主要为冰皮（R）和尼罗冰（Ni），间有莲叶冰（P）和初生冰（N）；单层冰厚一般 3~5 cm，最大为 8 cm 左右；冰量和密集度大于 6 成的日数仅为 10~15 d；沿岸浅滩、岬湾和河口附近的固定冰宽度一般在 500~1 000 m 之间，最大 2 000 m 左右，基本没有固定冰堆积现象。因此，在偏轻冰年冰情对该海域海上交通运输和海上设施相对比较安全。

3）常冰年

常冰年，该海域冰情严重期内浮冰最大外缘线可达 10~20 n mile，冰型主要为莲叶冰（P）和尼罗冰（Ni），间有冰皮（R）和灰冰（G）；单层冰厚一般为 5~10 cm，最大为 15 cm 左右；冰量和密集度大于 6 成的日数为 15~25 d；沿岸固定冰宽度一般为 1 000~2 000 m，最大 3 000 m 左右，固定冰最大堆积高度可达 0.5 m 以上。因此，常冰年冰情对该海域海上交通运输和海上设施有一定影响，特别要注意防范局部海域短时突发性所带来的严重冰情。

4）偏重冰年

偏重冰年，该海域冰情严重期内浮冰最大外缘线可达 20~30 n mile，北与渤海湾的结冰范围连为一体，南与莱州湾的结冰范围连为一体；浮冰冰型主要为灰冰（G）和灰白冰（Gw），间有冰皮（R）和尼罗冰（Ni）；单层冰厚一般为 10~15 cm，最大 20 cm 左右；冰量和密集度达 6 成以上的日数为 25~35 d；沿岸固定冰宽度最大可达 3 500 m 以上，固定冰最大堆积高度可达 1.0 m 以上。

该期间海冰对海上交通运输和海上设施有较大的影响，甚至造成港湾、航道和局部海区的严重冰封，给海上工程设施和生产活动带来重大危害。

5）重冰年

重冰年的冰情有以下几个显著特点：冰期长，结冰范围大，冰层厚，冰质坚硬，冰面堆积严重。

（1）冰期长：重冰年该海域的结冰期为 80~100 d，冰量和密集度达 6 成以上的日数为 30~50 d。

（2）结冰范围大：重冰年黄河三角洲海域及相邻海域的结冰范围是常冰年的 2~3 倍。在冰情严重期，该海域的结冰范围与渤海湾、莱州湾和辽东湾连为一体，甚至可延伸至渤海海峡。此时，海上的交通运输和油气开发将被迫中断，海上设施和港工设施都将遭到毁灭性破坏，甚至造成船毁人亡等重大事件，给国民经济带来不可估计的重大损失。

（3）冰层厚：重冰年该海域及相邻海域的海冰厚度是常冰年的几倍。严重冰期间，沿岸固定冰大多由 3 层以上单层冰冻结而成。平整冰厚度一般为 30~50 cm。最大可达 100 cm 以上。

（4）冰面堆积严重：重冰年该海域沿岸固定冰堆积现象严重，其堆积高度一般为 1.0~2.0 m，最大可达 4.0 m 以上。

海冰冰情在不同年份具有不同冰级特征，根据海冰的时空分布特征，得出胜利油田海域 2005—2021 年冬季逐年总体冰情等级（图 2-29）。

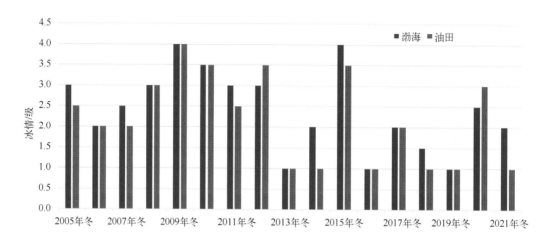

图 2-29　胜利油田海域冰情等级（2005—2021 年冬季）

2.7.3　地理分布特征

受气象、海洋等自然因子变化的影响，胜利油田海域的冰情分布具有明显的地理差异，根据监测数据分析胜利油田海域冰情地理分布特征是飞雁滩—桩西海域冰情最重，垦东海域、青东冰情次之，黄河海港附近冰情最轻。

2.7.4　海冰物理力学特征

2011 年 1 月中旬在胜利油田海域纬度较高的 4 个站点采集冰样进行单轴抗压强度和海冰密度测量，取样站点位置如图 2-30 所示。飞雁滩站点的固定冰冰样抗压强度经测算，最高值为 3.09 MPa，应变速率为 8.46×10^{-4} m/s。飞雁滩本年度测值明显偏高于同纬度地区的设计指标，和冰情偏重的辽东湾东岸测值持平；桩西 1 号、桩西 2 号、桩西 3 号站点的测量值总体分布于 600~1 000 kgf 之间，经测算，抗压强度对应分布于 1.2~2.0 MPa 之间，与同纬度地区的海冰设计指标相仿，具体实验结果见表 2-49。

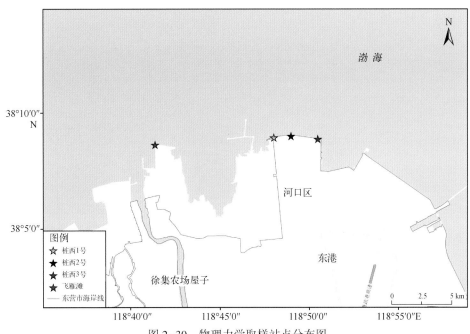

图 2-30 物理力学取样站点分布图

表 2-49 2010—2011 年冬季东营海域冰样单轴压缩强度实验结果(气温-7℃)

序号	长 /mm	宽 /mm	高 /mm	破坏时间 /s	破坏位移 /mm	破坏荷载 /kg	位移速率 /(mm/min)	平均应变 速率/(s^{-1})	压缩强度 /MPa
飞雁滩(1)	70	70	150	26.5	2.19	1514	0.0826	$5.51×10^{-4}$	3.09
飞雁滩(2)	70	70	150	20.5	1.16	1363	0.0566	$3.77×10^{-4}$	2.78
桩西1(1)	70	78	167	21.5	0.75	308	0.0349	$2.09×10^{-4}$	0.56
桩西1(3)	70	78	167	31.2	1.99	595	0.0638	$3.82×10^{-4}$	1.09
桩西2(1)	74	78	160	37	3.80	590	0.103	$6.42×10^{-4}$	1.02
桩西2(2)	75	76	177	54	1.54	835	0.0285	$1.61×10^{-4}$	1.46
桩西3(1)	84	93	152	39.5	1.92	932	0.0486	$3.20×10^{-4}$	1.19

2.7.5 1969 年以来冰情较严重年份及冰情状况

(1)1969 年冰情为 5.0 级,整个渤海海面几乎被海冰覆盖,冰厚一般为 40~60 cm,最大可达 100 cm,严重冰期时间为 2 月下旬至 3 月底(图 2-31)。

(2)1977 年冰情为 4.5 级,辽东湾的浮冰最大外缘线 118 n mile,渤海湾浮冰最大外缘线 60 n mile,莱州湾浮冰最大外缘线 4.0 n mile,黄海北部浮冰最大外缘线 4.4 n mile,严重冰期时间为 1 月下旬至 2 月中旬。

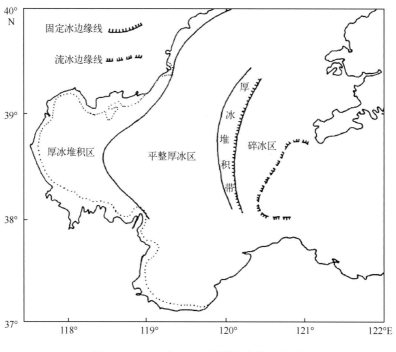

图 2-31　1969 年 2—3 月渤海冰情示意图

（3）1980 年冰情为 3.5 级，辽东湾的浮冰最大外缘线 98 n mile，渤海湾浮冰最大外缘线 38 n mile，莱州湾浮冰最大外缘线 35 n mile，黄海北部浮冰最大外缘线 23 n mile，严重冰期时间为 2 月上旬。

（4）1985 年冰情为 3.5 级，辽东湾的浮冰最大外缘线 98 n mile，渤海湾浮冰最大外缘线 4.0 n mile，莱州湾浮冰最大外缘线 16 n mile，黄海北部浮冰最大外缘线 23 n mile，严重冰期时间为 2 月中旬。

（5）2001 年冰情为 4.0 级，辽东湾浮冰距湾顶最大距离 115 n mile，一般冰厚 15~25 cm，最大冰厚 60 cm；渤海湾海冰距湾顶最大距离约 30 n mile，一般冰厚 10~20 cm，最大冰厚 35 cm；黄海北部海冰距岸最大距离约 33 n mile，一般冰厚 10~20 cm，最大冰厚 30 cm。严重冰期时间为 2 月上旬至中旬（图 2-32）。

（6）2009—2010 年冬季渤海及黄海北部冰情属偏重冰年，于 2010 年 1 月中下旬达到近 30 年同期最严重冰情。其主要特点如下。

冰情发生早：11 月下旬辽东湾底即出现大面积初生冰，时间较常年提前了半个月左右。

发展速度快：1 月上旬辽东湾发展迅速，浮冰范围从 12 月 31 日的 38 n mile 迅速增加到 1 月 12 日的 71 n mile；1 月中旬莱州湾冰情发展迅速，浮冰范围从 1 月 9 日的 16 n mile 迅速增加到 1 月 18 日的 39 n mile，1 月 22—24 日连续维持在 46 n mile，为莱州湾 40 年来最大海冰范围（图 2-33）。

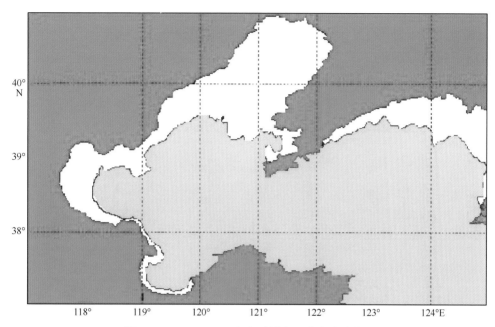

图 2-32　2000—2001 年冬季渤海及黄海海冰范围

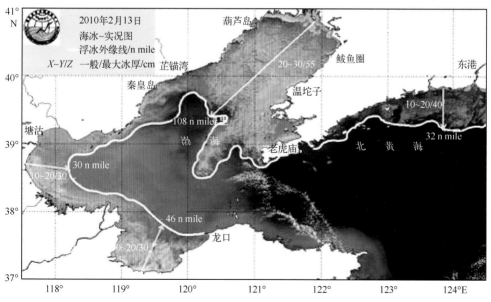

图 2-33　2009—2010 年冬季渤海及黄海海冰范围

来源：2010 年中国海洋灾害公报

浮冰范围大、冰层厚：辽东湾 2 月上旬浮冰范围从 1 月 31 日的 52 n mile 迅速发展到 2 月 13 日的 108 n mile，最大单层冰厚超过 50 cm。

胜利油田海域持续受强冷空气和寒潮长时间影响，发生近 30 年来最为严重的冰情，海冰封锁了胜利油田海域的港湾和航道，浮冰对往来船只、海上油气平台和建筑设施等构成威胁，导致的险情主要有：胜利 151 船、胜利 621 船受海冰挤压出现走锚现象；海恩 101 船受海冰挤压螺旋桨损坏，被困 4 d；海运 19 船受海冰挤压导致漂移失控；兴龙舟 288 船受海冰挤压撞击压载舱破损进水。根据现场海冰观测资料和航空遥测监测资料：浮冰最大外缘线在 20 n mile 以上，浮冰冰厚一般 10~15 cm，浮冰最大厚度 25~35 cm，固定冰最大冰厚 50 cm，固定冰最大堆积高度 3.0 m，冰量达 10 成，且严重冰期持续 31 d（一般为 20 d 左右），为近 30 年来最为严重的冰情。胜利油田海域沿岸冰情状况见图 2-34 至图 2-39。

图 2-34　防潮大堤沿岸的堆积冰

图 2-35　飞雁滩挡浪坝及验潮井处海冰挤压堆积

图 2-36 海冰堆积阻塞航道，摧毁电力设施

图 2-37 石油平台受海冰挤压

图 2-38 船舶被困，破冰船施救

图 2-39　孤东验潮井护栏被海冰摧毁

2.7.6　海冰对海上工程设施的影响

胜利油田海域的浮冰大都处于流动状态，且经常形成堆积，对各类海上油气工程设施造成不同程度的威胁。

海冰对海上工程设施的影响主要包括：在海流和风等外力作用下，大面积海冰整体移动，挤压结构物，造成结构物震动；自由漂移的流冰对结构物产生冲击；因潮汐等因素导致的水位变化，使冻结在结构物四周的海冰对结构物产生上拔或下压；流冰对结构物造成磨蚀；海冰膨胀对结构物形成挤压等。

据统计渤海每 5~6 年发生一次严重或比较严重的冰情，而局部海域出现严重冰情的情况几乎每年都有发生。在全球变暖背景下，近年来，虽然渤海冰情总体呈减轻趋势，但由于影响冰情的大气环流、海洋热力等因素的变化具有非常大的不确定性，冰情较重或偏重年份仍有可能发生，海冰灾害风险依然较高。

2.7.7　埕岛海域海冰设计冰厚推算

埕岛油田海上平台新建、延寿等参考的冰厚设计参数为 45 cm，这是在海上开发建设初期所确定的标准。经多年的海冰监测，逐步形成了两点认识：①埕岛油田地处黄河三角洲岬角地形近海，海冰灾害与附近沿岸近海相比偏轻；②随着全球变暖的影响，海冰总体有减弱的趋势。

同时，中国海洋石油总公司于 2002 年制定了其平台设计冰厚参数的企业标准，标准号为 Q/HSn 3000—2002。该标准中将整个渤海及黄海海冰分为了 21 个不同区域，埕岛油田位于 9 区，新北油田位于 10 区，冰厚设计参考值均为 35 cm（图 2-40）。

冰区	单层冰厚度/cm		重叠冰厚度/cm		冰脊帆高/m	
	平均	最厚	平均	最厚	平均	最高
1	35	50	50	90	1.5	2.0
2	30	46	40	78	1.2	1.8
3	20	40	30	60	1.0	1.5
4	18	35	25	50	1.0	1.5
5	16	35	25	54	—	—
6	22	40	35	65	—	—
7	20	35	35	100	1.2	1.8
8	10	35	20	60	1.1	1.6
9	18	35	25	50	1.2	1.9
10	15	35	25	50	—	—
11	10	30	20	45	—	—
12	2	30	5	40	—	—
13	2	30	5	40	—	—
14	10	30	20	40	—	—
15	0	25	0	35	—	—
16	0	15	0	25	—	—
17	8	30	15~25	52	—	—
18	13	35	20~30	50	1.1	1.6
19	25	45	25~35	63	1.3	1.9
20	2	20	4	30	—	—
21	2	20	4	30	—	—

图 2-40 海冰厚度图表

这从另一方面也说明目前 45 cm 的海冰冰厚参数存在偏大的可能。为此,在本次安全评估项目中,对海冰冰厚设计参数进行了初步推算。

根据 2005—2021 年冬季海冰监测数据,并根据渤海冰情等级推算 2000—2019 年冬季海冰最大单层冰厚(表 2-50)。

表 2-50 根据监测数据推算的 2000—2019 年冬季海冰最大单层厚度(cm)

年份	2000	2001	2002	2003	2004	2005	2006	2007	2008	2009	2010	2011	2012	2013	2014	2015	2016	2017	2018	2019
冰厚	8	15	10	15	8	8	15	8	15	35	30	20	20	6	6	20	8	15	10	10

根据指数分布法、耿贝尔分布法、皮尔逊Ⅲ型分布方法,对不同重现期海冰冰厚计算,得到表 2-51。

表 2-51　三种分布法计算不同重现期海冰冰厚

重现期/a	指数法/cm	耿贝尔/cm	皮尔逊Ⅲ型/cm
10	20.23	27.45	25.30
20	24.28	32.88	29.67
50	29.65	39.92	35.08
100	33.70	45.18	38.99

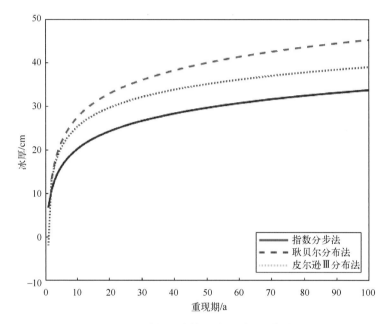

图 2-41　三种方法计算海冰不同重现期冰厚

根据三种方法，取平均值，得到海冰不同重现期冰厚推算值（表 2-52）。

表 2-52　三种分布法平均值推算不同重现期海冰冰厚

重现期/a	冰厚设计参数/cm
10	24.33
20	28.94
50	34.88
100	39.29

2.8 海平面

在气候变暖大背景下，全球平均海平面呈持续上升趋势，给人类社会的生存和发展带来严重挑战，是当今国际社会普遍关注的全球性热点问题。近40年来，中国沿海海平面呈加速上升趋势，随着城市化进程加快，沿海地区面临的海平面上升风险进一步加大。

2.8.1 中国沿海海平面变化

1980—2022 年，中国沿海海平面上升速率为 3.5 mm/a；1993—2022 年，中国沿海海平面上升速率为 4.0 mm/a，高于同时段全球平均水平。2012—2022 年，沿海海平面均处于有观测记录以来的高位。2022 年，中国沿海海平面较常年高94 mm，比 2021 年高 10 mm，为 1980 年以来最高(图 2-42)。

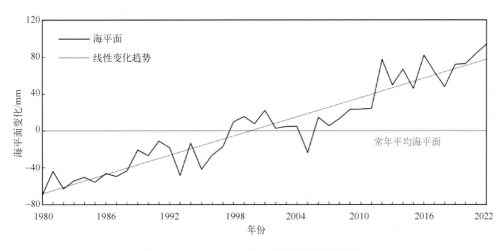

图 2-42 1980—2022 年中国沿海海平面变化

预计未来 30 年，中国沿海海平面将上升 51~179 mm。

2022 年，中国沿海海平面变化区域特征明显。莱州湾、珠江口沿海海平面均达1980 年以来最高，较常年分别高 108 mm 和 138 mm。与 2021 年相比，中国沿海海平面以长江口和台湾海峡北部平潭为分界点，总体呈现北部持平、中部下降、南部上升的特点，南部沿海总体升幅约 44 mm(图 2-43)。

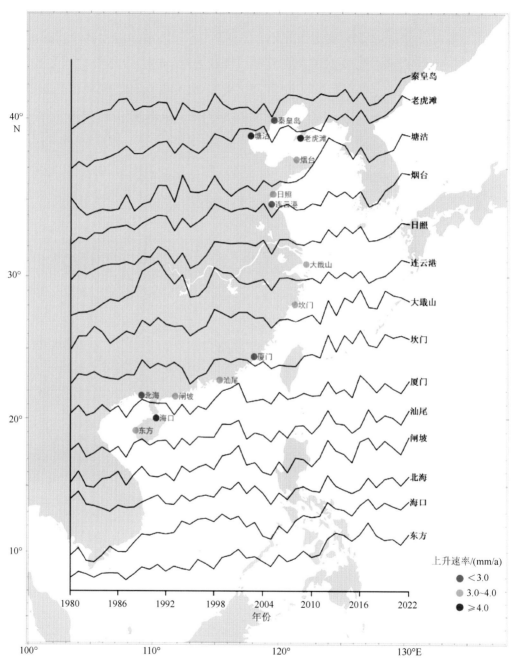

图 2-43　1980—2022 年中国沿海主要海洋站海平面变化

2.8.2　渤海海平面变化

1980—2022 年，渤海沿海海平面上升速率为 3.8 mm/a。2022 年，渤海沿海海平面较常年高 119 mm，与 2021 年基本持平。预计未来 30 年，渤海沿海海平面将上升 70~170 mm。

2022 年，渤海沿海 1 月、3 月、6 月和 11 月海平面较常年同期分别高 178 mm、190 mm、192 mm 和 179 mm，均为 1980 年以来同期最高；与 2021 年同期相比，3 月、6 月和 11 月海平面分别上升 73 mm、76 mm 和 100 mm，12 月海平面下降 80 mm（图 2-44）。

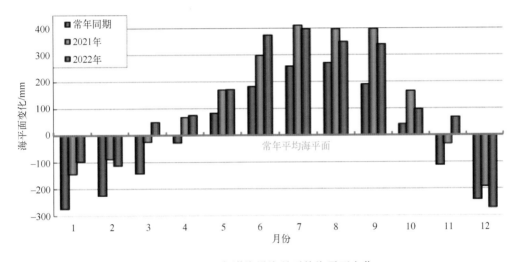

图 2-44　2022 年渤海沿海月平均海平面变化

2.8.3　胜利油田附近沿海海平面变化

2022 年，山东沿海海平面较常年高 91 mm，比 2021 年低 4 mm，各月海平面变化波动较大。

2022 年，山东北部沿海 1 月、3 月和 6 月海平面较常年同期分别高 170 mm、222 mm 和 212 mm，均为 1980 年以来同期最高；与 2021 年同期相比，3 月和 6 月海平面分别上升 76 mm 和 70 mm，10 月和 12 月海平面分别下降 82 mm 和 69 mm（图 2-45）。

预计未来 30 年，山东沿海海平面将上升 55~190 mm。

根据胜利油田黄河海港 2005—2020 年潮位资料，统计得到胜利油田海域海平面呈上升趋势，多年年平均水位为 117.4 cm，2020 年海平面较常年同期偏高

11.1 cm(图 2-46)。2020 年各月海平面均高于常年同期，8 月海平面较常年同期偏高 12.1 cm(图 2-47)。

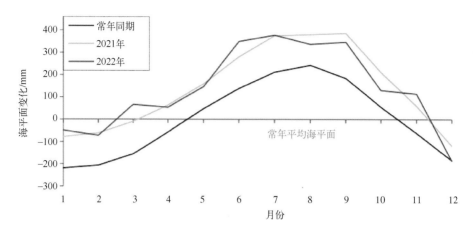

图 2-45　山东北部沿海月平均海平面变化

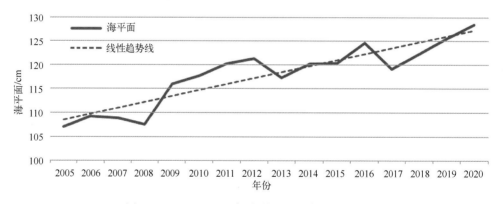

图 2-46　2005—2020 年胜利油田海域海平面变化

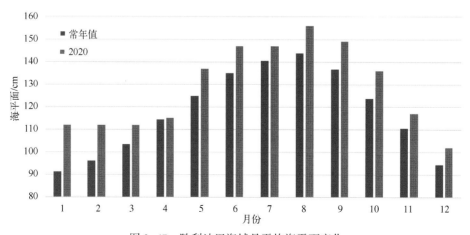

图 2-47　胜利油田海域月平均海平面变化

2.9 风险分析

2.9.1 大风灾害风险分析

风既产生浪又产生风暴潮，大浪和风暴潮是重要的海洋灾害。胜利油田海域一年四季都会出现 8 级以上大风天气，产生大风的主要天气系统是寒潮（强冷空气）、温带气旋、台风。胜利油田海域平均每年出现 8 级以上大风的天气有 26.8 天次，8 级以上大风最长持续 5 天次，8 级以上大风最长持续 50h，10 级以上大风最长持续 2 天次，10 级以上大风最长持续 5h。

分析中心二号平台 2005—2022 年实测资料，中心二号平台出现的极大风速为 37.3 m/s，并且共有 9 年出现 11 级以上大风（表 2-53）。

表 2-53　2005—2022 年中心二号平台逐年大风风速（m/s）统计

年份	2005	2006	2007	2008	2009	2010	2011	2012	2013
3 s	34.6	25.2	25.4	24.2	28.5	25.2	23.5	26.1	27.1
10 min	28.4	20.6	20.8	19.8	23.4	20.7	19.3	21.4	22.2
年份	2014	2015	2016	2017	2018	2019	2020	2021	2022
3 s	26.7	28.9	24.9	24.6	37.3	28.8	29.2	31.4	28.0
10 min	21.9	23.7	20.4	20.2	27.7	23.6	24.1	26.9	23.4

2.9.1.1 强风风险分析

1）台风

台风系统是影响胜利油田海域的灾害性天气之一，但由于台风仅生成于热带洋面上，因此台风一般不具突发性，能实时跟踪其移动路径和强度变化，做到早准备早预防。主要风险有以下两点。

（1）台风大风持续时间长，强度大，要加强平台的抗大风大浪的能力，平台导管架等设备设施存在风损的风险，需提前加固；海上船舶也存在倾覆风险，需做好提前避风工作。

（2）台风经常伴随强降水，平台需做好防雨工作，尤其是配电间等关键部位，有停电漏电风险，需做好防停电防触电工作。

2）寒潮

寒潮在胜利油田海域常见的危害是大风、大浪、风暴潮和急剧降温而引起冰冻，造成封港和交通中断。寒潮低温冻害可能引起水泵、管道等冻结风险。每年11月份寒潮出现频次最高，气温平均降幅最大，达8.0℃，也是首先可能出现0℃以下气温的月份，平台管线等生产设施需要在11月份之前做好冬防保温工作。

3）温带气旋

温带气旋系统形成的海浪风暴潮过程具有形成快、变化快、时间短、影响范围小、强度强等特点，并且没有明显的规律性，可预测性差，准确地预测预报难度大。

2.9.1.2 强对流大风

1）强对流天气

强对流天气最早出现在4月上旬，最晚出现在10月。强对流天气的特点是突发性强，发展快，范围小，持续时间短，强度强，危害大。2011年8月19日出现39.1 m/s的强对流大风，超百年一遇。8级以上强对流大风逐年分布如图2-48所示。

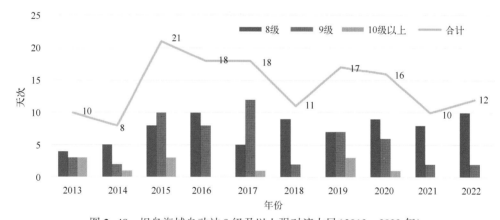

图2-48 埋岛海域自动站8级及以上强对流大风（2013—2022年）

2）龙卷风

2018年8月14日油田近海发生强对流天气，在孤东海堤近海出现大型海龙卷，这是在该纬度地区首次观测到的海龙卷。

强对流天气由于其突发性强，隐蔽性，破坏力大，且预报服务主要为短临预警，是夏季海上黄金生产期最需重点关注的天气。在夏季应科学选择合适气象窗口，强对流天气形势下应尽量避免海上大型吊装等高风险连续作业，一般户外临时作业也应充分考虑强对流天气的应急准备工作。

2.9.2 巨浪灾害风险分析

大风及大浪的灾害，主要是由其产生的作用于海洋工程上的风压力和浪压力造成的；海浪还对石油工程产生冲刷作用和大越浪量而产生工程灾害。

大风风压力本身直接对石油工程具有强烈的迫害作用，海上大风及伴随的大浪对该海区石油工程设施更是严重威胁，也对海上航行造成危险。由于海岸岸堤的阻挡及水深较浅，大风引起的大浪要小于深海，但是极浅海往往是巨浪的波破地带，即波浪的能量集中消耗地带，故对极浅海石油工程的破坏作用不容低估。大风大浪同样可引起海岸破坏、海底泥沙运移等灾害。

巨浪拍击是海上平台最主要的外部环境荷载之一，会使桩腿等平台结构疲劳强度下降，存在平台失稳风险；平台会发生触浪、越浪现象，腐蚀平台甲板，甲板上设备设施存在浪损风险；巨浪托晃拍击海上船舶，有人员落水和船舶倾覆的风险。

2.9.3 强海流冲刷风险分析

海底强流作用下海底管道线缆覆土受冲刷，管线有裸露和悬空风险。

2.9.4 风暴潮灾害风险分析

风暴潮，是由强烈的天气过程如温带气旋、热带气旋、寒潮等引起，风暴潮不仅取决于诱其发生的气象条件，还会受到局地海岸线及地形变化、气候变化导致的海平面上升等诸多因素的影响。在近岸，风暴潮和海浪的联合作用可引起严重潮灾。

风暴潮期间，不但水位增加，而且易造成极大规模的泥沙运移，造成极浅海工程灾害。大风引起强风海流及巨浪。在极浅海的波破区域，由于巨浪的波高较大及巨大的波浪能量，可掀起水深较大的海底泥沙。由于强海流的作用，波浪掀起的大量泥沙随海流进行远距离的运输，并在海流波浪较弱的海域沉积下来，因此风暴潮对极浅海工程尤其人工岛——进海路、海底管线等石油工程的破坏作用是巨大的。还有海水漫滩，潮间带设备设施有海水冲刷风险，滩海区人员有淹没风险；风暴潮伴随狂风巨浪，高水位下海堤背向护坡可能发生越浪侵蚀现象，海堤存在溃堤风险。

面对日益频繁和严重的海浪风暴潮灾害，在加强防潮防浪工程措施的同时，进一步加强沿海海浪、风暴潮监测点的能力建设，为做好海浪与风暴潮预报预警提供更多更准确的实测资料。

2.9.5　海冰灾害风险分析

海冰的破坏方式一般可分为挤压破坏、流冰撞击、冻结附着、摩擦以及在有斜面结构物上的爬坡等。

每年冬季出现的海冰对渤海航运、海上油气勘探和生产等都有不同程度的影响。严重冰情曾造成石油平台倒塌、轮船损毁、航运中断等严重海冰灾害，另外海冰灾害还会破坏近海和滩涂设施。即使在一般和冰情较轻的年份，海冰依然会对个别海区造成灾害。直接导致海冰灾害风险的原因如下。

1）气象环境条件的不确定

20世纪80年代中期以来，渤海冰情持续偏轻，与全球气候变暖趋势一致，但近年来极端气候的不断变化，使得工程环境条件存在极大的不确定性。如果工程实际环境参数比原始设计参数更为严格，则工程结构可能无法抵御真实的环境条件，暴露于环境条件下的结构失效风险会大大增加。

2）工程设计标准的不完备

工程设计标准直接决定了结构的抗冰、防冰能力，如果有冰海域结构设计中所依照的设计标准对海冰灾害风险问题考虑不足以及结构原始设计标准的相关内容变化，会导致海冰灾害风险的增加。

3）结构抵御能力下降

工程结构物在长期运行中不可避免地会经过结构改造、设备老化以及海洋灾害风险事故等过程，其承载能力会发生不同程度的变化，对结构抵御海冰灾害的能力有所影响。特别是一些老龄结构的剩余寿命必须经过详细客观的分析计算。

4）冰期管理行为的不完善

根据海上冰情状况及工程建筑物的抗冰能力，合理安排生产，选择最佳运输航线，可以有效避免冰灾事故的发生，延长海上生产作业时间。但是现有的冰期管理以海冰监测预警和信息发布等手段为主，与各类工程直接关联性不强，缺乏针对各类工程的监测预警。

2.9.6　海平面上升风险分析

在全球变暖背景下，胜利油田海域的海温、气温和海平面均呈上升趋势。海平面上升的直接后果表现为降低了海堤堤防、码头、工业设施等的灾害防护标准，增大灾害风险；同时加剧了海岸侵蚀、风暴潮灾害、海水入侵、淹没沿海低地等发生，给沿海地区的自然环境演变、社会经济发展带来重大破坏。

1）风暴潮

风暴潮往往伴随狂风巨浪，具有成灾快、损失重、危害大等特点，因此，风暴潮灾害位居海洋灾害之首。

海平面上升使得平均海平面及各种特征潮位相应增高，水深增大，波浪作用增强，因此海平面上升增加了大于某一值的风暴增水出现的频次，增加风暴潮成灾概率，同时风暴潮增水与高潮位叠加，将出现更高的风暴高潮位，风暴潮的强度也明显增大，加剧了风暴潮灾，从而不仅使得沿海受风暴潮影响的频率大大增加，还降低了近海地区防御标准和防御能力。比如 2012 年 10 号台风"达维"，最大波高达到 761 cm，突破 12 m 水深海域的百年一遇的极值波高；2019 年 9 号"利奇马"台风，黄河海港最高潮位达到 238 cm，对油田生产产生严重影响。

2）海岸侵蚀

海岸泥沙亏损和海岸动力的强化是导致海岸侵蚀的直接原因，海平面上升使岸外滩面水深加大，波浪作用增强。波浪在向岸传播过程中破碎，形成具强烈破坏作用的激浪流，对海岸及海堤工程产生巨大的侵蚀作用。

3）对海堤护岸的影响

海堤护岸在抵御海潮入侵和减轻海岸灾害方面发挥着重要作用。海平面上升，潮位升高以及潮流与波浪作用加强，不仅会导致风浪直接侵袭和淘蚀海堤的概率大大增加，而且也可能引起岸滩冲淤变化，造成堤外港槽摆动贴岸，从而对海堤构成严重威胁。

海平面上升导致出现同样高度风暴潮位所需增水值大大减小，从而使得极值高潮位的重现周期明显缩短，也将造成海水侵溢海堤的机会增多，使海堤防御能力下降，并遭受破坏。

4）对港口与码头设施的影响

海平面上升对港口与码头设施的破坏作用明显。首先，海平面上升，波浪作用增强，不仅造成港口建筑物越浪增加，而且导致波浪对各种水工建筑物的冲刷和上托力增加，直接威胁码头、防波堤等设施的安全和使用寿命。其次，海平面上升，潮位抬高将导致工程原有设计标准大大降低，使码头、港区道路、堆场及仓储设施等受淹频率增加、范围扩大。

此外，海平面上升引起的潮流等海洋动力条件变化，也将可能改变港池、进出港航道和港区附近岸线的冲淤平衡，影响泊位与航道的稳定性，增加运营成本。

第 3 章　海底环境

3.1　概述

3.1.1　数据来源

本书收集了胜利海上油田(主要是埕岛海域)开发以来的大量海洋调查、勘察报告，共包括 357 卷成果报告和部分原始资料。

3.1.2　地质背景

胜利油田滩海地区位于黄河三角洲东北部突出渤海的陆海过渡区，其中部和东北部伸入渤海，东南部伸入莱州湾，西部延入渤海湾，是黄河三角洲最突出于渤海的沿岸部分。本区在构造上位于渤东坳陷的中南部，即莱州湾坳陷区，属于渤海盆地的南缘，是华北平原第四纪覆盖区的一部分，在构造上属断块盆地类型。

胜利油田滩海地区近代变迁主要开始于 1855 年。据现有海图资料，在 1855 年黄河由苏北改道北流之前，本区大部分是水深大于 15m 的渤海陆架区，仅有西部小部分地区是水深小于 15m 的近岸区。自 1855 年以来，黄河由山东入渤海，所携带的大量泥沙淤积在河口，填海造陆形成现代黄河三角洲。在此期间黄河曾十次大改道，每一次改道都形成一个新的亚三角洲，其中有 5 次改道形成的亚三角洲对埕岛滩海地区有较大的直接影响。

这五次改道是 1855—1889 年，1889—1897 年，1926—1929 年，1953—1963 年，1964—1976 年。其中影响最大的是最后两期，即 1953—1963 年神仙沟流路改道期和 1964—1976 年刁口流路改道期形成的两个亚三角洲，它们带来的泥沙主要堆积在埕岛地区原来的渤海海域，使之今日的埕岛海域成为浅滩区，部分还成了陆地。尤其是在东部的神仙沟、中部的刁口及西部的新刁口三个方向上淤积最快，形成三个突出海中的沙嘴水深最浅。这两个亚三角洲的形成构成了埕岛浅海复杂的地质地貌的基础。产生了若干不同类型的沉积地貌单元，如河道，天然堤(包括水下天然堤)，决口扇、潮滩、河口拦门沙坝，三角洲前缘斜坡，三角洲前缘隆起裾，烂泥湾等，有些已完全成陆。

在 1976 年黄河改走清水沟流路后，由于泥沙来源断绝，毫无遮拦的渤海风浪和近无潮区强海流作用之下，本区遭到强烈蚀退，岸滩冲刷很快，水深加大，许多原已成陆的部分重又沦入水中，在原有的三个沙嘴区形成三个强烈冲刷中心。海岸线大幅度后退，原有沉积地貌单元遭到破坏和夷平，但其残余部分仍在水下，构成了今日埕岛浅海地区复杂的水下地质环境，并在不断变化之中。

从总体上看，黄河三角洲自 1855 年以来总体上在一直淤进中，但埕岛滩海地区的现代地质特点主要为 1976 年之前的淤积和 1976 年黄河改道后的不断蚀退。

3.2 海底地形地貌

3.2.1 水深地形特征

埕岛油田分布于正在蚀退的黄河水下三角洲上，该区海底地形由 SSW—NNE 方向倾斜，区域水深在 0.9~20.7 m 之间，5 m 以浅海底地形受水动力等影响，比较复杂多变，平均坡降 0.75×10^{-3}；向海方向 15 m 以浅，等深线基本平行，坡降 0.5×10^{-3}~2.0×10^{-3}，平均 0.75×10^{-3}；水深 15 m 以深，地形变化较小，为海底平原区，海底平坦坡度较小，平均坡降为 0.5×10^{-3}（图 3-1）。

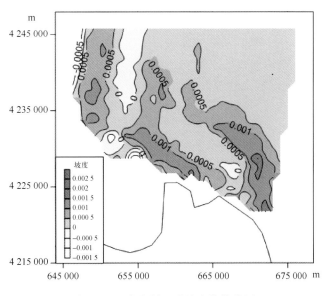

图 3-1 埕岛海域地形坡度等值线图

黄河水下三角洲的地貌位置是相互关联的。由陆向海，海底水深呈现"三段式"增大，而海底地貌也相应地划分为三大地貌单元。

第一段：水深 0~5 m，该区海底地形相对平坦，为原黄河水下三角洲顶部平原地貌单元。

第二段：水深 5~15 m 区域，是原水下三角洲海底坡降最大区段。在地貌上属于黄河水下三角洲前缘斜坡的上部。在三角洲建设期，前缘斜坡的坡降可达 4×10^{-3}，三角洲蚀退后，斜坡的坡度有所减缓。

第三段：水深大于 15 m 区域，是原前三角洲沉积和浅海环境，海底坡降最小。三角洲蚀退后，该区水深基本稳定，但位置逐渐向海岸方向扩展。

3.2.2 地貌特征

近代黄河三角洲是指 1855 年黄河自河南铜瓦厢决口夺大清河入渤海以来百多年间形成的扇形堆积体。它以宁海为顶点，北到套尔河口，南达支脉河口，其顶点及两端点几乎在同一直线上，而中央轴线向海突出甚远，使整个三角洲成为倒三角形，总面积约 9 000 km²，据其地貌特征和动力环境的不同，可以划分为陆上三角洲平原和水下三角洲平原。

胜利油田海域属水下三角洲平原，系陆上三角洲向水下延伸部分，它从高潮线始，外缘伸展至水深 10~22 m 处，呈半环带围绕陆上三角洲，面积逾 3 000 km²，水下三角洲的近岸坡度较陡，向海逐渐变缓。总体坡降平均为 1/1 500。水下三角洲由于经常受海洋水动力的侵蚀夷平和改造，地形上表现非常平坦，不像陆上三角洲那样具有明显的起伏变化。

根据水下三角洲地貌动态变化的差别，可将其分为三个亚区。①西区指挑河口以西海区，经过强烈冲蚀阶段后，水下地形和水动力条件趋于平衡，使岸线稳定，地势平缓，沉积物是平行岸线的带状分布，表明该区基本已达到弱淤弱冲的动态平衡状态。②中区指挑河口以东至神仙沟一带海区，本区正受海洋水动力的侵蚀改造过程中，海岸线遭受侵蚀后退且趋向平直，水下地势受侵蚀而展平且坡度趋向平缓，沉积类型趋向沿岸线带状分布。③南区指神仙沟以南至支脉河口海区，黄河自 1976 年从该区入海，携带巨量泥沙在入海口口门附近大量堆积，使岸线呈半月形向海伸展，水下地形坡度较陡，不同出口的拦门沙重叠，沉积类型以河道为轴线对称分布。

埚岛海域位于中区，海底地貌主要有侵蚀残留体、冲刷沟槽、塌陷凹坑等。

(1)侵蚀残留体：主要发育在水下岸坡下部与海底缓坡的交界处，形状各异，在0.5~4.5 m之间。

(2)冲刷沟槽：由局部冲刷造成的沟槽状地貌形态。

(3)塌陷凹坑：海底表层粉土液化形成，孔隙水的排出导致海底沉积物发生密实化，垂向变形形成塌陷凹坑。多个塌陷洼坑发育在一起变形成塌陷洼地。

3.2.3 埚岛油田冲淤变化特征

埚岛海域的地貌演化，由于受黄河三角洲沉积影响，主要经历了地貌的建造期和蚀退改造期。目前，已经进入蚀退后期，水下岸坡进入弱侵蚀阶段，水下岸坡的浅水部分发生冲刷，深水部分淤积，水下岸坡将整体变缓以适应新的沉积动力环境，形成新的平衡剖面。

波浪作用是本区海岸及水下岸坡塑造的主要动力因素。根据其冲刷速率、剖面坡度的塑造及季节性的变化可分为快速冲刷、缓慢冲刷和以冲刷为主的冲淤调整三个阶段。

1)快速冲刷阶段(1976—1986年)

1976年黄河改道以前，由于有大量的沉积物供应，河口地区的水下岸坡呈现向海淤进的形态。河道改道以后，沉积物的供应停止，原先的堆积剖面开始遭到破坏，大部分海区发生了冲蚀。冲刷作用最显著的部位是潮滩和水下三角洲前缘区，即从岸线到水深15 m范围，其中尤以7~8 m水深处为最。这一部位是本区波浪破碎带，处于最不稳定状态，蚀退作用也最强烈。以15 m等深线为界(1/2波长，即浪基面)，浅水区发生冲刷，深水区基本保持冲淤平衡或略淤，该期水下主体坡度后期减缓。平面上，老九井附近及飞雁滩以北的原河口区等由于地形向海凸进而遭受的冲刷较强；中心二号附近海区为本阶段的侵蚀中心，最大侵蚀厚度达7 m；飞雁滩以北海区的侵蚀主要集中于岸线及水下岸坡的上段，岸线后退达10 km，但垂向上侵蚀厚度相对较小，而岸坡中下段由于得到来自上段的大量沉积物的补充成为整个埚岛海区本阶段侵蚀最小的地区。原河口间湾区由于岸线向陆凹，受到凸出海岸侵蚀的沉积物的补充，在这一阶段遭受的冲刷较轻，部分水下岸坡在初期还受到了淤积(图3-2)。

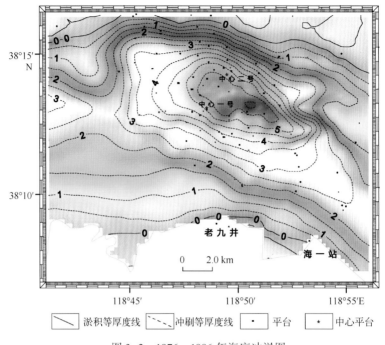

图 3-2　1976—1986 年海底冲淤图

2）缓慢冲刷阶段（1986—1996 年）

经过先期的快速冲刷阶段以后，水下地形坡度迅速降低，尤其是沿海岸地带。尽管水动力仍以波浪为主，但传播到海岸附近的波浪能量已大为减小，使得剖面虽然以冲刷为主，但冲刷量已明显减少。靠近水下岸坡中段的顶部则成为该期波浪能量的主要削减带，使本阶段的侵蚀作用主要集中于此，结果使水下岸坡坡度进一步减小。平面上水下岸坡的冲淤基本呈与海岸平行的带状分布，以 15 m 等深线为界，浅水区冲刷，最大侵蚀带位于 7~8 m 等深线附近，侵蚀中心由中心平台附近逐渐向东南近岸方向迁移至 A 平台附近，迁移速率约为 0.5 km/a。A 侵蚀中心的最大侵蚀厚度达 4 m。本阶段水下岸坡坡度减缓明显，但长期冲刷规律控制的冲刷强度较前期明显减弱（图 3-3）。

3）以冲刷为主的冲淤调整阶段（1996—2022 年）

1996—2006 年剖面的调整趋势虽然向着水下岸坡坡度减小的方向发展，但水下地形坡度和波浪能量整体向岸衰减的速度之间已逐渐趋于平衡，风浪作用的季节性强弱变化开始成为干扰这一平衡的主要因素。净冲刷量明显小于由于季节变化造成的水下岸坡冲淤调整幅度。长期冲刷规律对本海区地形演变的控制减弱，季节变化成为海底冲淤调整的主要因素。这一阶段东部的冲刷略微明显，其中 A 以北海区为侵蚀中心，最大侵蚀厚度达 3 m。西部的冲刷中心逐渐达到冲淤平衡状态（图 3-4）。

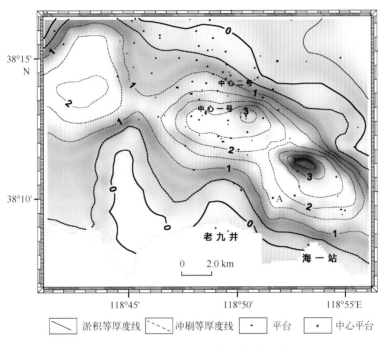

图 3-3 1986—1996 年海底冲淤图

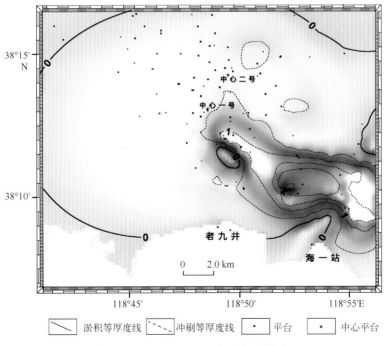

图 3-4 1996—2006 年海底冲淤图

2006—2022 年，这一阶段区块的冲淤随水深变化呈现条带分布，近岸 3 m 以浅和 10 m 以深主要以淤积为主，4～10 m 以冲刷为主，另外东南部以淤积为主（图 3-5）。

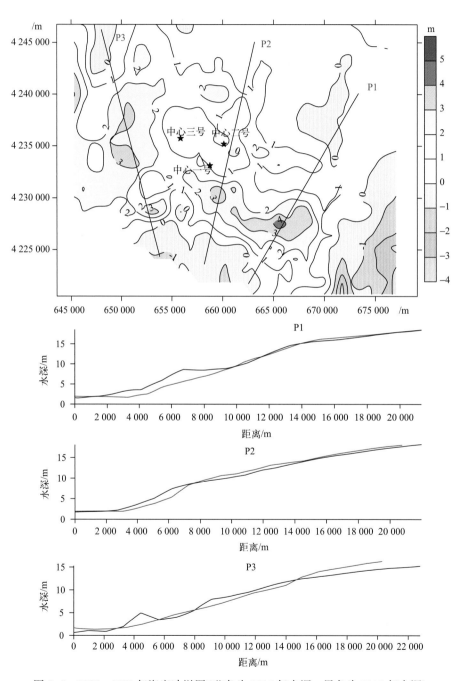

图 3-5　2006—2022 年海底冲淤图（蓝色为 2006 年水深，黑色为 2022 年水深）

通过比对典型井场区域不同年份的水深数据，大部分井场区域水深变化较小。由于存在人工构筑物，平台区域局部受到冲刷，水深局部加深；同时由于平台的建设，特别是建设初期，人工振动加速了土体排水形成凹坑，也是井架周围水深增大的原因之一；某些管道上方进行了抛沙维护，其局部水深变浅。

3.2.4 新北油田冲淤变化特征

新北油田位于山东省东营市垦利区东部、渤海南部，黄河入海口北部的极浅海域，西临孤东油田，与山东省东营市陆上最近距离仅为 2 km。构造上新北油田位于垦东凸起北坡，四周为凹陷所包围。其北面为桩东凹陷，东为莱州湾凹陷，南为青东凹陷，西为富林洼陷。地理坐标为 37°50′50″—37°56′23″N，119°07′34″—119°12′34″E。工程涉及海域水深 2～15 m。

黄河由清水沟入海以来，于 1996 年由人工出汊从清八向东北方向入海。黄河河口位置的人工变化，必然影响河口周边的海底地形变化。该区海底地形变化主要受南侧黄河来水来沙的变化和 NW—SE 向潮流影响的制约。黄河带来的泥沙在河口区沉积和向河口周围扩散，使河口沙嘴不断向外延伸，沉积的泥沙以河口为中心呈扇形向外淤积，使河口周围水深变浅，但这种沉积是松软而不稳定的，当汛期过后或来沙减少时，NW—SE 向潮流和强劲的北风将对河口区松软的沉积物进行侵蚀作用，此消彼长，形成了海底地形不稳定的格局。

1996 年 7 月(出汊前)和出汊后的 1996 年 10 月、1998 年 10 月、2000 年 10 月，在黄河海港至黄河口海域布设了 12 条剖面进行剖面监测。通过监测，黄河出汊前后 4 年期间海底地形变化如下(图 3-6)。

(1) 1996 年 8 月黄河出汊后，10 月份黄河第一次洪峰来临，使新河口迅速向海推进，并使黄河海港至黄河口海域受到普遍淤积，直至黄河海港附近。离河口近淤积量大，离河口越远，淤积量越小。出汊前、后对比，该区平均淤积厚度为 0.30 m。

(2) 1996 年 10 月至 2000 年 10 月，黄河出汊后 4 年期间，黄河口淤积区只在口门及其附近的扇形区内。自黄河口向北淤积扩散范围只有 13 km，其余大面积区域逐年受到侵蚀。深水区侵蚀弱，侵蚀深度一般在 0～0.5 m；浅水区域侵蚀强，侵蚀深度一般在 0.5～1.0 m。在五号桩至孤东油田南端，5 m 等深线附近，有一长约 24 km、宽 1～4 km 强侵蚀带，侵蚀深度达 1～1.8 m。

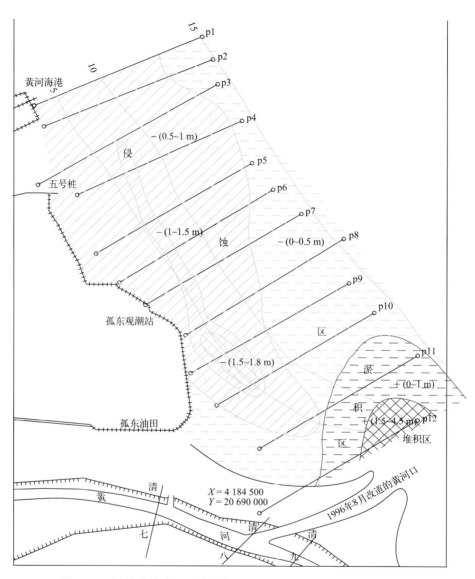

图 3-6　孤东岸段海底地形冲淤变化图(1996 年 10 月至 2000 年 10 月)

　　2004 年再次进行了断面勘察，与 2000 年 10 月 12 条剖面水深资料比较分析可以看出，海底冲淤情况大致可分为淤积区、冲淤平衡区及侵蚀区三种(图 3-7)，其中淤积是局部的，侵蚀是普遍的。

　　弱侵蚀区：主要分布在总理台以南、水深 3~4 m 以浅近岸部分和测区 7~12 m 等深线区间，侵蚀深度为 0.1~0.5 m。

　　强侵蚀区：由北向南贯穿整个测区，呈带状分布在测区 4~7 m 等深线之间，方向为 NW—NE，宽度 1.5~2.5 km，侵蚀深度普遍在 0.5 m 以上。其中冲刷深度在

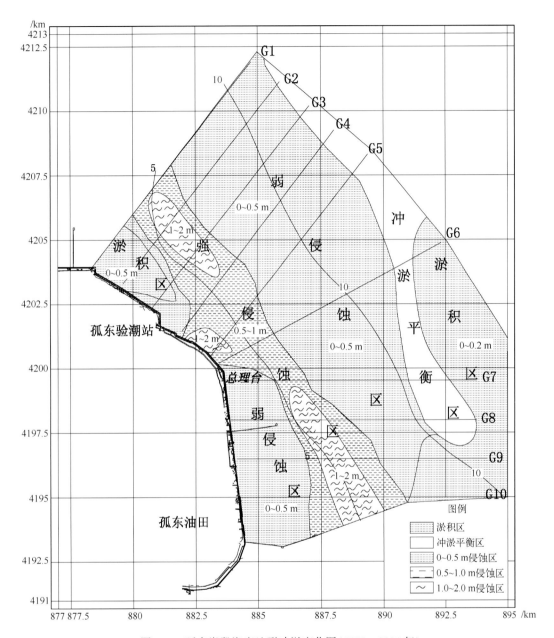

图 3-7 孤东岸段海底地形冲淤变化图（2000—2004 年）

1~2 m 以上的有下列三处。

（1）孤东验潮站以北淤积区外侧，水深 4~7 m 之间处有一南北长约 4 km（G1—G4 剖面）、宽 1~1.3 km 的强侵蚀区。侵蚀深度为 1.0~2.4 m，年平均侵蚀深度达 0.2~0.6 m。

（2）G4—G6 剖面之间的海堤附近，侵蚀深度为 1.0~2.0 m，年平均侵蚀深度达 0.2~0.5 m。由于海堤根部受到严重侵蚀,直接威胁该段海堤的安全。

(3)G7—G10 剖面之间的 5~7 m 等深线之间,侵蚀深度为 1.0~1.2 m,年平均侵蚀深度达 0.2 m 左右。

3.3 海底地质

3.3.1 地质情况

埕岛滩海地区的沉积作用也是复杂而多变的,这里曾是黄河两期改道流路的入海河口(1953—1964 年,1964—1976 年),每期改道时河口还不断发生小摆动,形成了若干个突出海中的沙嘴及其两侧的烂泥区。这些沙嘴相互叠加,形成了巨大而复杂的陆上和水下三角洲–沙嘴体系。

在 1976 年黄河改走清水沟流路以后,由于泥沙来源断绝,改道原来形成的亚三角洲体系遭到侵蚀,在毫无遮拦的渤海风浪和近无潮区强海流作用之下,侵蚀速度很高,海岸蚀退很快。水下沙嘴部分受到的侵蚀最为剧烈。

沙嘴突出在海底之上,在风浪和潮流的作用下,沙嘴沉积物中较细的部分逐渐被搬运到水力较弱的深水和近岸带内,而沙嘴的主要成分即粗粉砂则较均匀地被分散到整个海区。由于这是一个表层沉积物分选粗化、均匀化和分散再搬运—沉积的过程,导致了本区沉积物粒度比较单一,在大部分地区海底分布着"铁板砂",这是一种以粗粉砂为主要成分的沉积物,90% 左右的粒度在 4~6 ф 之间,分选性良好。

由于颗粒大小比较均匀相近,所以颗粒间容易排列紧密,趋向形成"等大球体紧密排列"的结构,给人以坚硬板结的感觉。这一层粗粉砂沉积物形成一层"硬盖",厚度 0.3~2.0 m 不等,在水深 4~10 m 的区域内占据了大部分海底,是表层沉积物的主要部分,其承载力较好,对钻井平台坐底是有利的。但这一粗粉砂为主的海底沉积物易于液化,也可以给平台或工程设施造成重大问题。

在水动力较小的刁口近岸湾区内分布着较细的沉积物,如刁口大湾内就有大片较细的黏土质粉砂质沉积物,在黄河海港区水深 2~5 m 以远主要是黏土质粉砂。此外,在港区南北两侧各有一片粉砂质黏土区,形成圈闭,可能与残留的烂泥区有关。

在表层沉积物以下直到距海面以下 15 m 左右的地层,都是现代黄河三角洲的沉积物,即由 1855 年以来黄河入海泥沙组成的。这一层沉积物具有典型的三角洲沉积相的特点,粉砂为主的地层,其中夹有多层较细的粉砂质黏土层,各层厚度多为数十厘米到 1 m 左右。较厚的粉砂层与较薄的细粒层的交错是黄河河口多次摆动，使沉积环境不断改变的结果。这一地层中岩性不均匀，含有黏土。声学无序的地层，表现为不连续同生小断层。在这套沉积地层之下为渤海浅海相地层，由厚4~8 m，褐黄色或暗色(灰黑色)粉砂质黏土组成，有相当数量的浅海微体古生物，地层平行连续，是软弱饱含水的地层，承载力极低。自此以下有 1~2 m 厚的暗色或黄褐色黏土质粉砂-粉砂质黏土的整合地层，根据沉积相分析，应为潮间带相沉积，以上地层沉积物都属于海相沉积。

在这一海相层之后，自水深 20~27 m 以下直到 71 m 左右的这一套地层为晚更新世以来的沉积，属于滨海海陆交互相，其上层为陆相(滨海河流-湖泊相)地层，与上覆地层呈不整合关系，界面起伏不平，相差可达 7 m 左右，常可见古河道和古湖泊埋藏其中。这一地层主要由褐黄色或黄褐色粉砂组成，其中夹有相当多的较厚的黏土质粉砂层。在中层和下层不同的深度上，各有一套海相层，其沉积物粒度相对较细，是沧州海侵和献县海侵产生的浅海-滨海沉积。

沉积相和地层埋藏深度的不同，对工程地质性质有很大影响。例如，三角洲相地层承载力中等偏下，近期的浅海相沉积物承载力几乎没有，而陆相地层则可作为地基持力层。

3.3.2 浅地层

根据浅地层剖面探测资料，将埕岛海域三角洲前缘斜坡自黄骅海侵以来的地层划分出 5 个比较明显的地质界面，从下到上依次为海侵夷平面、浅海底界面、三角洲底界面、三角洲前缘相底界面、三角洲蚀退相底界面(图3-8)。

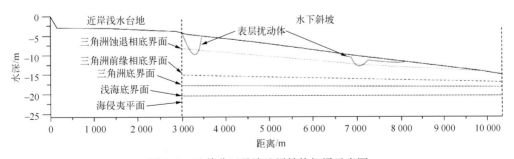

图 3-8　地貌分区及浅地层结构解译示意图

图 3-9 和图 3-10 为典型的浅地层剖面，图中黄线为海侵夷平面，绿线为浅海底界面，白线为铁板沙底界面，蓝线为表层扰动体底界面，红线为海底。在水深

10 m 左右的区域，海底二次反射与浅海底界面有所重叠；在水深 11 m 左右的区域，海底二次反射与海侵夷平面有所重叠。

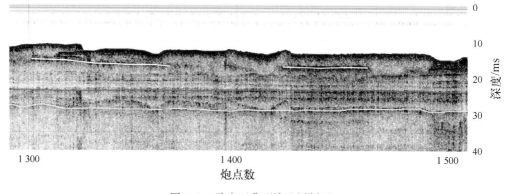

图 3-9　路由区典型浅地层剖面

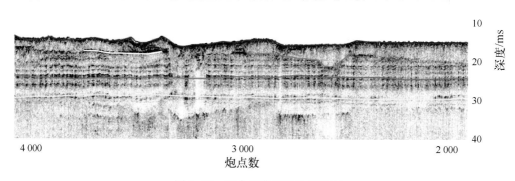

图 3-10　平台区典型浅地层剖面

1）海侵夷平面

末次冰期之后，全球气候开始变暖，海平面逐渐上升。距今 8 800 年前，黄骅海侵开始，埕岛海域逐渐被海水淹没。该区域冰期为陆地，河流、湖泊比较发育，形成一系列河流、湖泊沉积相。海侵发生后，在海洋动力作用下，正地形如天然堤遭受侵蚀，负地形如古河道、古湖泊接受沉积，形成海侵夷平面。夷平面下伏地层是陆相沉积，物质主要为粉砂、少量细砂和泥土，结构比较致密。海侵夷平面上局部存在古河道、古湖泊沉积，呈透镜状，并偶尔存在泥炭沉积。

在浅地层剖面记录上，海侵夷平面呈强反射特征，界面起伏较小，连续性好，界面标高为 $-22\sim-23$ m，由陆向海，界面略有降低，坡度极小，约 1×10^{-3}（图 3-11）。夷平面下伏地层多呈嘈杂反射，局部存在弱反射界面，呈"V"形或

"U"形向下凹陷，是埋藏的古河道或古湖泊。

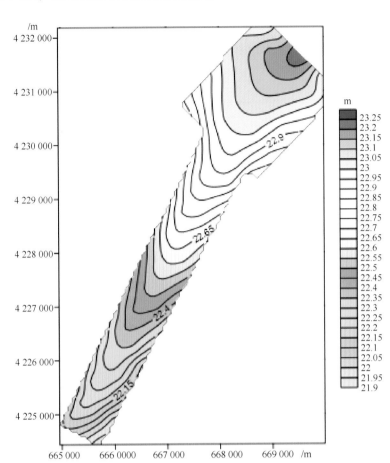

图 3-11　海侵夷平面标高图

2）浅海底界面

黄骅海侵开始后，埕岛海域水深逐渐增大，先后经历湖泊、沼泽、潮滩、滨海、浅海沉积环境，形成的沉积物从下到上由较粗的粉砂逐渐变为较细的粉砂质黏土，垂向上为正粒序结构，沉积物厚度为 1.5~2.5 m，由陆向海逐渐增厚。海侵时期海洋水动力环境较强，形成的沉积物堆积比较致密。至 6 000 年前形成最大海侵界限，随后该海域为稳定的浅海相沉积环境，接受黏土或粉砂质黏土沉积，直到 1855 年黄河改道流入渤海开始形成三角洲相沉积。最大海侵界限之后形成的稳定浅海相沉积层的下界就是浅海底界面。

由于海进地层为正粒序结构，浅海底界面的声阻抗差异很小，本应接近于零，但水动力脉动使该沉积层在垂向上存在差异，在浅地层剖面记录上浅海底界面呈中等强度反射，界面平滑，连续性较好，界面标高为-20.5 m。海侵过程中形成的海进地层，即海侵夷平面之上、浅海底界面之下的地层内存在多条反射强度较大但连续性较长的亚声阻抗界面，说明这套海进地层内物质组成在垂向和横向上均有所差异(图3-12)。

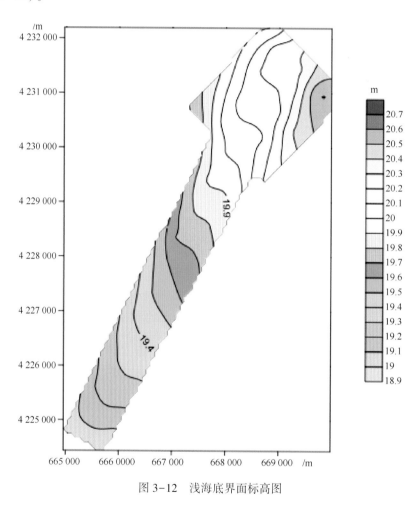

图3-12　浅海底界面标高图

3)三角洲底界面和三角洲前缘相底界面

1855年黄河在铜瓦厢决口夺大清河入海后，埕岛海域沉积环境由浅海相变为三角洲相，黄河三角洲前三角洲相沉积层覆盖在原渤海浅海沉积层之上，呈楔状体向海尖灭。前三角洲相沉积物质组成为黏土或粉砂质黏土，与浅海相沉积相似，地层界面的声阻抗差异较小，很难通过小范围的钻孔和浅地层剖面记录分析判定三角洲底界面。如果在大尺度范围内进行探测，找到三角洲楔状体的尖灭点，然后根据尖灭点分层位进行追踪可以大致确定三角洲底界面。

三角洲前缘相沉积层与前三角洲相沉积层的物质组成也比较相似，地层界面的声阻抗差异也很小，在小范围内也难以确定三角洲前缘相地层的底界面。

虽然三角洲沉积过程中水动力环境相对比较稳定，但水动力的脉动还是会造成沉积层的垂向差异，在浅地层剖面记录上较弱的声阻抗界面比较发育。

浅海相和前三角洲相地层的物质组成都是以黏土和粉砂质黏土为主，厚度为 1.5~2 m，三角洲前缘相地层的物质组成是含水量较高的粉砂，夹有黏土薄层，厚度变化极大，向陆侧较厚，向海逐渐变薄。

4）三角洲蚀退相底界面

1976 年黄河改道清水沟，埕岛海域泥沙来源断绝，黄河三角洲在波浪和海流作用下遭受强烈侵蚀，进入蚀退阶段。水动力的淘洗作用将细粒沉积物搬运走，粗粒沉积物留在原地，堆积形成致密的"铁板沙"。"铁板沙"与下伏地层的声阻抗差异较大，在浅地层剖面记录上三角洲蚀退相地层呈强反射特征，而均匀致密的"铁板沙"层内反射层不发育。

5）表层扰动体

黄河水下三角洲形成时期，泥沙堆积速度极高，且物质组成以粗、细粉砂粒级的颗粒为主，堆积松散，含水量高。在波浪、地震、人为因素等作用下，极易发生沉积物块体运动。表层扰动体是局部地层的沉积物块体发生横向滑动后堆积而成的。沉积物块体运动期间，内部的物质相向运动，使扰动体内部的沉积物混合均匀。表层扰动体的扰动深度一般为 4.0 m 左右，其边界就是活动面，边界内外的物质组成和土体强度均有突变。在浅地层剖面记录上，扰动体边界呈强反射特征，扰动体内部物质为声学透明层。

三角洲前缘斜坡存在大量表层扰动体，物质成分是含水量较高的粉砂，在水深 7~11 m 的区域尤其普遍。表层扰动体的扰动深度可达 4 m，甚至会切断三角洲蚀退相地层，使局部的"铁板沙"变薄甚至缺失。

3.4 地质灾害

3.4.1 灾害地质

海底发育的各种表层、浅层灾害地质因素在声学图像上有特定的反射特征。根据本次调查所得的多波束测深数据、侧扫声呐图像和浅地层剖面资料，发现典型的灾害地质现象有侵蚀正地形(蚀余凸起)、侵蚀负地形(冲刷沟槽、侵蚀洼地)、塌陷凹坑、碎屑流等(图3-13)。

图3-13　侵蚀微地貌侧扫声呐图像

1)侵蚀正地形

侵蚀正地形主要为蚀余凸起。蚀余凸起主要分布于近岸浅水台地，高度一般小于0.5 m，与冲刷沟槽伴生(图3-14)。

2)侵蚀负地形

侵蚀负地形主要包括冲刷沟槽、侵蚀洼地，与正地形相伴生，呈相间分布。冲刷沟槽多分布于近岸浅水台地，深度一般小于0.5 m，走向与潮流方向一致。侵蚀洼地位于平台桩周围，深度为2.0 m左右(图3-14)。

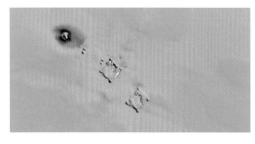

图3-14　平台附近的侵蚀洼地

3)塌陷凹坑

塌陷凹坑是海床土体液化塌陷而形成的低洼地貌。塌陷凹坑主要分布在水下斜坡，相对深度0.2~0.5 m，直径一般为30~100 m，形状近似圆形或椭圆形。液化成因的塌陷凹坑与侵蚀负地形在形态上相似，但成因不同。侵蚀负地形形态极不规则，底部的沉积物比较粗糙，分布受海流控制。液化成因的塌陷凹坑内多有土层扰动现象(图 3-15)。

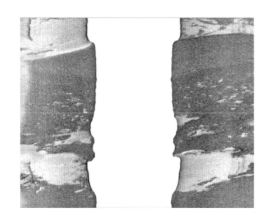

图 3-15 塌陷凹坑侧扫声呐图像

4) 碎屑流

沉积物块体沿坡滑动的运动状态分为刚性、塑性和液性三种。刚性滑动的有滑坡、崩塌等，塑性滑动的有蠕动、碎屑流等，液性滑动的有液化流、颗粒流、浊流等。埕岛海域的沉积物发生块体运动时，沉积物成片向下坡搬运，但由于其高含水量、低固结程度的特性，在运动期间很难保持刚性，水逐渐混入沉积物种变成塑性流动的高密度重力流，即碎屑流。碎屑流发生时，海床土体变为塑性，丧失承载能力，在重力作用下沿坡向下运动，以"滚雪球"的方式扰动流经的表层地层。在流动过程中，沉积物势能逐渐减弱，流速逐渐降低，遇到阻碍或势能消失时，碎屑流停止运动，内部的运动也缓慢停止。这期间沉积物逐渐失水塌陷，形成负地形。但经过这一过程后，碎屑流内部物质混合均匀，粉砂发生絮凝，使土体强度增大。现代黄河水下三角洲的碎屑流主要集中在水深6~11 m的原三角洲前缘斜坡区域(图 3-16)。

碎屑流在原三角洲前缘斜坡广泛出现，其原因主要为两方面：①是内因，由于三角洲形成过程中，沉积物堆积速率较快，含水率很高，沉积物堆积密度较小，结构极不稳定；②外因，三角洲前缘坡度较大，重力沿坡分力较强，另外波浪周期性载荷作用、风暴潮、地震以及人为扰动也会促使海底发生碎屑流。

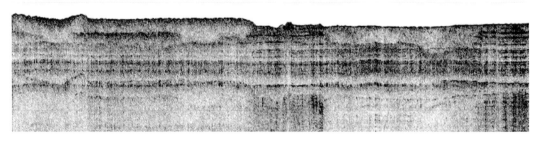

图 3-16 碎屑流的浅地层剖面记录及侧扫声呐图像

5) 土的液化

近年来越来越受重视的一个潜在问题是波浪引起的土体液化，这类现象主要发生在海底饱和砂土或粉土中，并且可能危及离岸设施，包括电缆、管道、锚或平台构筑物的稳定。由波浪产生的海底不均匀荷载导致下伏地层中产生一系列周期性剪应力，依次引起孔隙水压力增加和土体强度减小。如果波致剪应力超过土体的抗剪强度，相应的土体变形或液化过程就可能发生。

波浪作用于海底将产生海底压力波，使海床产生瞬态的附加孔隙水压力和有效应力，波峰产生的动应力和应变使得土中颗粒之间滑动从而导致体积压缩，波谷的到来使土颗粒间孔隙水释放而导致土体膨胀，作用过程如图 3-17 所示。卸载的土骨架把有效应力传输给孔隙水压力，使得土骨架内部的孔隙水压力上升而有效应力降低。当达到有效应力降为零的极限情况，土体抗剪切强度完全丧失，土体失去了承载能力，液化发生。尤其当风暴潮发生时，由于加大了对海底的瞬时荷载，液化更易发生，且土体的液化深度也随之增大。

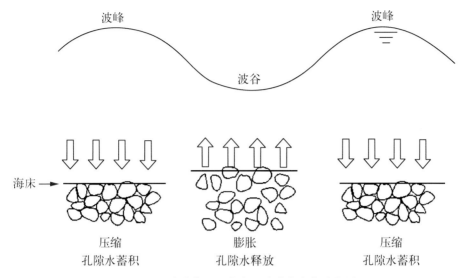

图 3-17　波浪作用下海底土孔隙水变化示意图

根据表 3-1 中的测试点工程地质数据，进行土的液化分析和计算。

表 3-1　钻孔及静力触探测试点

序　号	点　号	类　别
1	Z1	钻孔
2	Z2	钻孔
3	Z3	钻孔
4	Z4	钻孔
5	Z5	钻孔
6	C1	静力触探
7	C2	静力触探
8	C3	静力触探
9	C4	静力触探
10	C5	静力触探
11	C6	静力触探
12	C7	静力触探
13	C8	静力触探
14	C9	静力触探
15	C10	静力触探

埠岛海域海底土体长期受波浪荷载作用，通常的波浪荷载对海底的瞬时作用力不是很大，虽然孔隙水压力发生累积，但在波浪周期内会一定程度地消散，不足以使海底土体发生瞬时液化。但强浪对海底的周期性荷载使累积的孔隙水压力来不及消散，残余液化可能发生。

在多年一遇的极端风浪条件下，对埠岛海域不同水深处极限液化深度进行计算，计算中假定海底浅层沉积物为均质粉土，海水重度取 10.3 kN/m³，粉土重度为 19.6 kN/m³。

液化判别采用 Yamamoto 的弹性土骨架瞬时液化标准，当土层中由风暴潮作用产生的瞬时最大超孔隙水压力大于上覆土层的有效自重应力时，土层发生液化现象。充分考虑波浪作用中孔隙水压循环累积导致残余液化的过程，对不同风级、风时作用下的液化极限深度进行计算(表 3-2 至表 3-5)。

表 3-2　7 级风浪下土体残余液化极限深度计算

计算点	水深/m	$H_{1/10}$/m	T/s	L/m	P_0/kPa	$\sigma_d/2\sigma_c$	Z/m	T/h
Z1	6.2	1.9	5.0	32.5	5.4	0.27	0.6	6.4
Z2	5.7	1.8	4.9	30.8	5.3	0.29	0.4	5.9
Z3	8.2	2.3	5.4	39.3	6.0	0.25	0.7	8.6
Z4	9.1	2.5	5.6	42.6	6.3	0.27	0.1	9.6
Z5	7.5	2.2	5.3	37.3	5.9	0.28	0.3	7.9

表 3-3　8 级风浪下土体残余液化极限深度计算

计算点	水深/m	$H_{1/10}$/m	T/s	L/m	P_0/kPa	$\sigma_d/2\sigma_c$	Z/m	T/h
Z1	6.2	2.4	5.5	37.0	7.7	0.27	2.0	5.0
Z2	5.7	2.3	5.3	34.2	7.4	0.29	1.7	4.6
Z3	8.2	2.9	6.0	45.6	8.7	0.25	2.5	6.5
Z4	9.1	3.1	6.2	49.3	9.1	0.27	1.8	7.1
Z5	7.5	2.7	5.8	42.3	8.2	0.28	1.6	6.0

表 3-4　9 级风浪下土体残余液化极限深度计算

计算点	水深/m	$H_{1/10}$/m	T(s)	L(m)	P_0/kPa	$\sigma_d/2\sigma_c$	Z/m	T/h
Z1	6.2	2.6	5.7	38.7	8.6	0.27	2.5	4.4
Z2	5.7	2.5	5.6	36.7	8.5	0.29	2.2	4.1

续表

计算点	水深/m	$H_{1/10}$/m	T(s)	L(m)	P_0/kPa	$\sigma_d/2\sigma_c$	Z/m	T/h
Z3	8.2	3.2	6.3	48.6	10.2	0.25	3.3	5.6
Z4	9.1	3.4	6.5	52.5	10.6	0.27	2.6	6.1
Z5	7.5	3.0	6.1	46.4	9.9	0.28	2.5	5.2

表 3-5　10 级风浪下土体残余液化极限深度计算

计算点	水深/m	$H_{1/10}$/m	T/s	L/m	P_0/kPa	$\sigma_d/2\sigma_c$	Z/m	T/h
Z1	6.2	2.9	6.1	40.5	10.0	0.27	3.3	4.1
Z2	5.7	2.7	5.9	39.0	9.6	0.29	2.7	3.8
Z3	8.2	3.6	6.7	51.5	12.0	0.27	4.4	5.1
Z4	9.1	3.9	6.9	55.4	12.7	0.27	3.9	5.4
Z5	7.5	3.4	6.5	50.2	11.9	0.28	3.5	4.7

通过以上计算可知，随着风级的加大，粉土层液化极限深度随之增大，各计算点在 10 级风浪的充分作用下，钻孔 Z3 处土体液化的极限深度最大，为 4.4 m。

总的趋势是在水深 8 m 以浅，土体液化极限深度随水深增加而增大；当水深大于 8 m 后，虽然波高、周期等波要素随着水深的增加而增大，但波浪对海底的作用减弱，因此液化极限深度在 8m 水深以外有减小趋势。

3.4.2　灾害地质分布

（1）水深 0.9~20.7 m，水深由陆向海逐渐变深，即西南浅、东北深。地貌为黄河三角洲水下岸坡，进一步划分出 2 个次一级地貌单元：近岸浅水台地（水深小于 5 m）和水下斜坡（水深大于 5 m）。海底以侵蚀地貌为主，存在一系列微地貌单元，如平滑海底、冲刷沟槽、侵蚀凸起、侵蚀洼地、蚀余台地、塌陷凹坑、扰动土层等。

（2）海底微地貌发育不能简单地认为"凹坑即冲刷，凸起即堆积"，除人工抛沙堆积形成的正地形外，埕岛海域其他正地形基本上都是侵蚀残留体。真正的原因为：现代黄河水下三角洲是叶瓣叠覆的结果，地层结构复杂，土体强度不均一；泥沙来源断绝后，在波浪、潮流的作用下发生蚀退，蚀退过程中形成"铁板沙"，土体强度增加；海底不稳定现象，特别是碎屑流活动期间，沉积物失水塌陷形成负地形，但形成的碎屑流堆积体物质混合均匀，粉砂发生絮凝，反而使土体强度增大。

（3）浅地层剖面上可以看出埕岛海域的地层自末次海侵以来存在5个明显的地质界面，从下到上依次为海侵夷平面、浅海底界面、三角洲底界面、三角洲前缘相底界面、三角洲蚀退相底界面。

（4）典型区内的灾害地质类型有侵蚀正地形、侵蚀负地形、塌陷凹坑、碎屑流等。灾害地质现象的诱因主要为局部冲刷和液化滑塌。埕岛海域在水深6~10 m的区域冲刷强度最强，向陆或向海冲刷强度都有所减弱。液化滑塌的诱因主要为波浪载荷作用。引起波浪的风力越强，越容易发生滑塌，当风力小于8级时，引起的波浪不足以引起滑塌。

（5）现代碎屑流主要集中在水深6~11 m的原三角洲前缘斜坡区域。碎屑流发生时并不具备侵蚀能力，但具备扰动土层的能力，会切断地层，而受扰动的土体发生失水塌陷形成负地形。碎屑流发生后形成的堆积体内部的粉砂被混合均匀，可能发生絮凝，土体强度增加，随后在水动力侵蚀作用下形成正地形。形成的正地形导致海底坡度增大，在一定条件下可能再次发生碎屑流。碎屑流每期次的发生规模较小，但多期发生后会造成规模很大的假象。

（6）埕岛海域受波浪作用，发生瞬时液化的可能性不大，有可能发生残余液化。经计算，风浪越大，液化极限深度越深。在波浪破碎带处，即水深7~8 m位置，10级风浪条件下土体液化极限深度逾4 m，波浪破碎带以浅，液化极限深度随水深减小而减小，破碎带以深，随水深增大有减弱的趋势。

第4章 地　　震

4.1　地震概述

埚岛油田和新北油田位于黄河三角洲突出渤海的陆海过渡区，中部和东北部伸入渤海，东南部伸入莱州湾，西部延入渤海湾，是黄河三角洲最突出于渤海的沿岸部分。工程场地跨度较大，地处海域沉积物为黄河冲洪积相、陆海交互相和海相不同的沉积类型。由于该工程场地及其附近具有强震发生的地震构造环境，场地工程地震条件也较复杂。

胜利油田海域在地震构造环境上位于华北地震区北部，工程场地位于渤海强震构造区内。该强震构造区处在 NNE 向郯庐断裂带和 WNW 向张家口-渤海-威海断裂带的交汇区域，历史上在断裂交汇部位及其附近曾发生多次强震，地震活动具有强度大、频度高的特点。近场区发生过 1888 年渤海 7.5 级地震、1969 年渤海 7.4 级地震。未来的地震危险主要来自跨郯庐地震带和华北平原地震带的强震活动(图4-1) 。

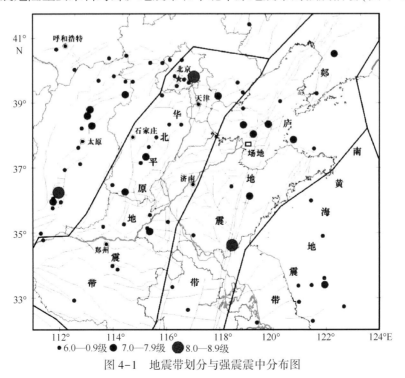

图 4-1　地震带划分与强震震中分布图

4.2 区域地震活动性

4.2.1 区域地震活动空间分布特征

408—2008 年，工作区范围内共记录到历史破坏性地震（M≥4.7）127 次（含强震序列中的余震），其中 4.7—4.9 级地震 51 次、5—5.9 级地震 56 次、6—6.9 级地震 13 次、7—7.9 级地震 6 次、8—8.9 级地震 1 次，最大地震是 1679 年河北三河平谷 8 级地震。表 4-1 列出 5 级及以上地震目录。

表 4-1　工作区范围内 5 级以上地震目录（408—2008 年）

发震时间			震中位置		震源深度/km	震级	精度	震中烈度	震中地区
年	月	日	N	E					
408			36.8°	118.3°		5	4	Ⅵ	山东青州西北
692	春		37.4°	117.7°		5	3	Ⅵ	山东惠民东南
1046	4	24	36.5°	121.5°		5.5	5		黄海
1068	8	20	38.5°	116.5°		6.5	3	Ⅷ	河北河间
1069	1	24	38.2°	117.0°		5		Ⅵ	河北沧州东南
1076	12		39.9°	116.4°		5	3	Ⅵ	北京
1346	3		37.5°	119.5°		5	5		山东莱州湾
1511	12	11	39.2°	116.6°		5.5	3		河北霸州市
1517	10	1	37.6°	119.2°		5	4		山东掖县（旧）西莱州湾
1527			39.8°	118.1°		5.5	2	Ⅶ	河北丰润
1536	11	1	39.8°	116.8°		6	2	Ⅶ—Ⅷ	北京通县附近
1548	9	22	38.0°	121.0°		7	5		渤海
1562	6		39.6°	118.7°		5	2	Ⅵ	河北滦县南
1568	5	5	39.0°	119.0°		6	5		渤海
1568	5	7	39.0°	119.0°		5	5		渤海
1584	3		37.5°	119.2°		5	3		山东莱州湾
1588	7	2	37.5°	118.5°		5	5		山东利津东
1597	10	6	38.5°	120.0°		7	5		渤海
1620	10	19	37.1°	117.5°		5	2	Ⅵ	山东齐东（旧）
1621	3		39.5°	116.7°		5.5	2	Ⅶ	河北永清东北
1621	11	22	37.9°	121.2°		5.25			山东蓬莱东海岸
1622	4	17	36.6°	116.8°		5.5	3		山东长清一带

续表

发震时间			震中位置		震源深度 /km	震级	精度	震中烈度	震中地区
年	月	日	N	E					
1624	2	1	38.5°	118.0°		5.5	5		渤海
1624	4	17	39.5°	118.8°		6.5	3	Ⅷ	河北滦县
1624	4	19	38.5°	118.0°		5.5	5		渤海
1625	4		38.3°	116.9°		5	2	Ⅵ	河北沧州
1626	5	30	40.0°	117.4°		5.5	2	Ⅶ	天津蓟州区
1632	9	4	39.7°	117.0°		5	3		北京通县南
1665	4	16	39.9°	116.6°		6.5	2	Ⅷ	北京通县西
1668	7	26	36.4°	119.2°		6.75	3		山东安丘
1668	8	24	36.5°	118.5°		5.75			山东临朐一带
1679	9	2	40.0°	117.0°		8	2	Ⅺ	河北三河平谷
1704	9	18	38.1°	116.7°		5.5	3	Ⅶ	河北东光、沧州
1730	冬		36.9°	117.9°		5	2	Ⅵ	山东长山(旧)
1795	8	5	39.7°	118.7°		5.5	3	Ⅵ—Ⅶ	河北滦县
1796	3		36.0°	119.4°		5			山东诸城
1797	8	5	39.4°	118.9°		5	3	Ⅵ	河北乐亭
1805	8	5	39.7°	119.2°		5.5	2	Ⅶ	河北昌黎
1815	8	5	39.1°	117.2°		5	4	Ⅵ	天津
1829	11	19	36.6°	118.5°		6.25	2		山东益都一带
1852	11	17	36.0°	118.8°		5			山东诸城
1880	9	6	39.7°	118.7°		5	3	Ⅵ	河北滦县
1888	6	13	38.5°	119.0°		7.5	4		渤海湾
1893	2	23	38.3°	116.8°		5	4	Ⅵ	河北沧州
1922	9	29	39.2°	120.5°		6.5			渤海
1934	10	27	39.9°	119.2°		5		Ⅵ	河北抚宁
1945	9	23	39.7°	118.7°		6.25		Ⅷ	河北滦县
1967	3	27	38.5°	116.5°		6.3		Ⅶ	河北河间、大城
1969	7	18	38.2°	119.4°	35	7.4	2		渤海
1969	7	18	38.0°	119.0°	33	5.1	2		渤海
1973	12	31	38.4°	116.5°	19	5.3	1	Ⅵ	河北河间东
1976	7	28	39.6°	118.2°	22	7.8		Ⅺ	河北唐山
1976	7	28	39.61°	118.45°	11	5	1		河北唐山东
1976	7	28	39.53°	118.20°	16	5	1		河北唐山南
1976	7	28	39.5°	118.1°		5			河北丰南附近
1976	7	28	39.9°	118.7°	22	7.1		Ⅸ	河北滦县

发震时间			震中位置		震源深度 /km	震级	精度	震中烈度	震中地区
年	月	日	N	E					
1976	7	28	39.7°	118.6°		5.5			河北滦县
1976	7	28	39.7°	118.8°	24	5.5			河北滦县
1976	7	28	39.26°	117.73°	12	5.2			河北宁河西南
1976	7	28	39.8°	117.8°		5			河北玉田附近
1976	7	28	39.41°	117.78°	25	5.2	1		河北宁河
1976	7	28	39.2°	117.8°	19	6.2			河北汉沽
1976	7	28	39.0°	117.9°	21	5.5			河北塘沽东
1976	7	31	39.7°	118.4°		5			河北唐山东
1976	8	9	39.95°	118.81°	14	5.3	1		河北卢龙
1976	8	31	39.8°	118.7°		5.6			河北滦县
1976	8	31	39.88°	118.88°	10	5.3	1		河北卢龙
1976	9	25	39.71°	118.40°	7	5	1		河北唐山东北
1976	11	12	39.9°	118.81°	5	5	1		河北卢龙
1976	11	15	39.33°	117.50°	17	6.9	1	Ⅷ	天津宁河区
1977	3	7	39.90°	118.86°	18	5.7	1		河北卢龙
1977	5	12	39.2°	117.7°	19	6.2	1	Ⅶ	河北汉沽附近
1977	11	27	39.4°	118.0°	16	5.1	1		河北丰南西南
1979	9	2	39.7°	118.3°		5	1		河北唐山
1991	5	30	39.5°	118.2°		5.1	1		河北唐山丰南附近
1995	10	6	39.8°	118.5°		5	1		河北唐山市古冶

该区域中强地震活动的空间分布不均匀，主要表现为集群分布和带状分布特征。在场地东部的渤海海域，历史上曾多次发生5级以上地震，其中有4次震级大于或等于7级，震中位于NE向郯庐地震带与NW向渤海-张家口地震带的交汇处（图4-2）。1888年渤海7.5级地震距场地较近，最近距离只有24 km，形成了华北地震区内7级以上地震最集中地区；1976年唐山地震附近强震密集，呈条带状分布；1679年三河平谷地震震中区附近强震较多，也形成地震条带。地震活动主要受NNE向郯庐地震带和几条NW向活动断裂带的控制，活动断裂交汇处是地震多发处。

另外，工作区范围现代仪器记录 $M_L \geqslant 1$ 级的地震资料（图4-3）。从1970年1月至2008年7月共记载 $M_L 1$—4.9级小震18 064次，其中 $2 \leqslant M_L < 3$ 级地震4475次、

$3 \leq M_L < 4$ 级地震 851 次、$4 \leq M_L < 5$ 级地震 856 次；破坏性地震 59 次，其中 4.7—4.9 级地震 31 次，5—5.9 级地震 23 次，6—6.9 级地震 3 次，7—7.9 级地震 2 次，最大地震为 1976 年 7 月 28 日河北唐山 7.8 级地震。

该区域现代小震活动相当频繁，分布继承性、集群和条带特征更加明显，大部分集中发生于区域的北部。

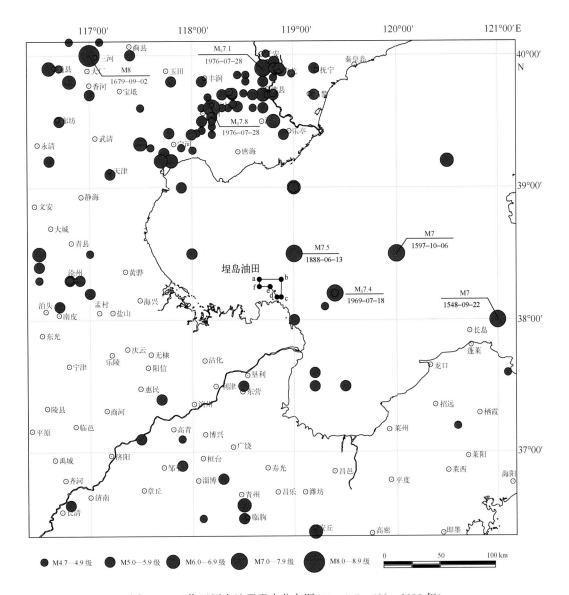

图 4-2　工作区历史地震震中分布图（M≥4.7，408—2008 年）

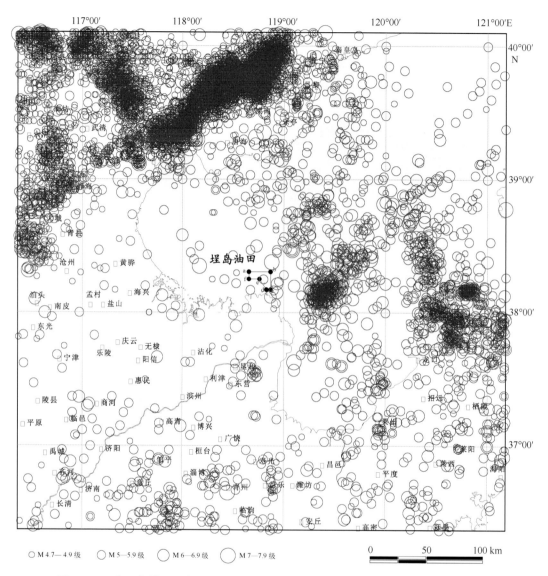

图 4-3　工作区仪器记录小震震中分布图（M_L1—4.9 级，1970 年 1 月至 2008 年 7 月）

4.2.2　区域地震震源深度分布特征

1970 年 1 月至 2008 年 8 月 $M_L \geqslant 1$ 的数据统计地震的震源深度分布，在区域范围内共有 7450 个记录有深度数据。图 4-4、图 4-5 分别为 $M_L \geqslant 1$、$M_L \geqslant 4$ 区域内地震震源深度分布直方图。图 4-6 和图 4-7 分别是地震震源沿经度和纬度线的深度分布。区域震源深度分布的具体数据见表 4-2。

在整个工作区内 $M_L \geqslant 1$ 地震震源深度大部分在 34 km 以内，其中 87% 在

5~19 km 的深度范围内(图 4-3、表 4-2);而 474 次 4 级以上地震均在 1~39 km 范围内,其中 86% 在 5~19 km 之内(图 4-5),本地区所发生的地震基本属于地壳中上层的浅源地震。

表 4-2　区域范围地震震源深度分布统计($M_L \geqslant 1$)

震源深度/km	1~4	5~9	10~14	15~19	20~24	25~29	30~34	35~39	≥40
地震个数	132	1970	3371	1194	513	153	85	19	13
百分比(%)	1.77	26.44	45.25	16.03	6.89	2.05	1.14	0.26	0.17

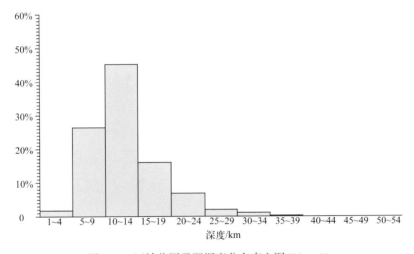

图 4-4　区域范围震源深度分布直方图($M_L \geqslant 1$)

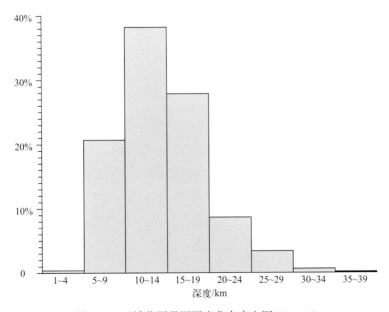

图 4-5　区域范围震源深度分布直方图($M_L \geqslant 4$)

区域范围震源深度沿经纬度分布如图 4-6 至图 4-7 所示。

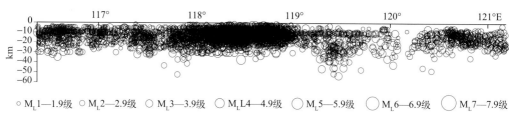

图 4-6 区域范围震源深度沿经度线分布图

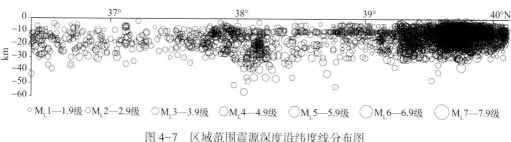

图 4-7 区域范围震源深度沿纬度线分布图

4.2.3 区域地震活动时间分布特征

地震活动随时间表现出起伏特征，具有相对平静和显著活跃相互交替的发展过程，从平静期开始到活跃期结束称一个地震活动期。据章淮鲁、何淑韵对华北地震时间序列的周期图分析和最大熵谱分析，华北地区的地震活动存在着 300 a 左右的周期，称之为地震活动周期。根据分析研究，华北地区地震活动期的划分见表 4-3。工作区主要涉及华北地震区的华北平原地震带和郯庐地震带。

表 4-3 华北地区地震活动期的划分

第一活动期 1069—1368 年		第二活动期 1369—1730 年		第三活动期 1731 年至今	
平静期	活跃期	平静期	活跃期	平静期	活跃期
1069—1208 年	1209—1368 年	1369—1483 年	1484—1730 年	1731—1814 年	1815 年至今

4.2.3.1 华北平原地震带地震活动时间分布

对华北平原地震带 1300 年以来的 5 级以上地震资料研究表明，存在 150～180 a 的活跃期和平静期，目前已经历了两个完整的活跃期和一个平静期。具体分期是：1480—1679 年为活跃期；1680—1829 年为平静期；1830 年至今为又一活跃期。

图 4-8 给出了华北平原地震带 1300 年以来 5 级以上地震的 M-T 图和应变释放曲线，从图中可看到，后一活跃期 5 级以上地震的发震频数较高。1966 年后该地震带发生了一系列强震。唐山地震后，华北平原地震带总体虽已转入能量剩余释放阶段，但考虑到整个华北地区近来的地震活动，不能轻视该带未来百年的地震活动。

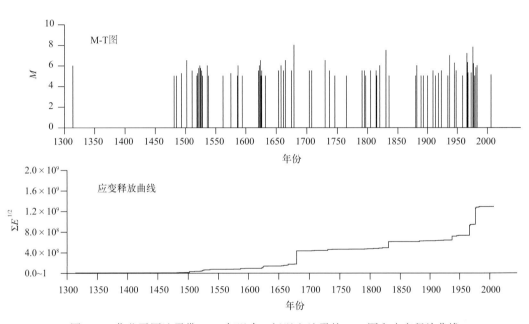

图 4-8　华北平原地震带 1300 年以来 5 级以上地震的 M-T 图和应变释放曲线

4.2.3.2　郯庐地震带地震活动时间分布

1500 年以来的 5 级以上地震资料表明，该地震带存在约为 150 a 的活跃期和平静期，目前已经历了两个完整的活跃期和一个平静期。1540—1675 年为第一个活跃期，曾发生 7 级以上地震 3 次，6—6.9 级地震 5 次，其中 1668 年 7 月 25 日郯城 8.5 级大地震是该地震带历史上发生的最大地震；1676—1828 年为平静期；1829 年至今为又一活跃期，已经发生 7 级以上地震 3 次，6—6.9 级地震 7 次。图 4-9 给出了郯庐地震带 1300 年以来 5 级以上地震的 M-T 图和应变释放曲线，后一活跃期 5 级以上地震的年平均发生率与前一活跃期相等。由地震频次看，前后两个地震活跃期基本相当，但所释放的能量还有相当差距，根据 b 值、极值理论等研究结果，该地震带还缺一些中、强地震，因此对该地震带未来百年地震活动趋势不宜估计过低。

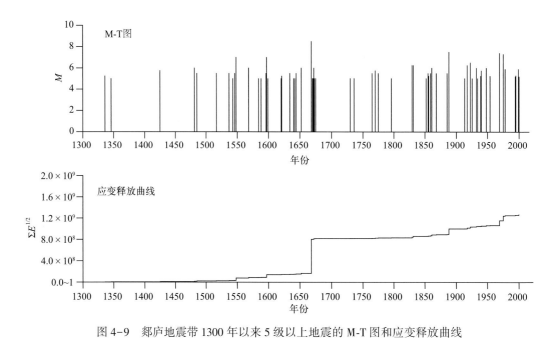

图 4-9 郯庐地震带 1300 年以来 5 级以上地震的 M-T 图和应变释放曲线

4.2.3.3 区域地震活动时间分布特征

图 4-10 给出了区域自 1484 年以来破坏性地震的 M-T 图和应变释放曲线，由图可以看出，区域自 1484 年以来也经历了两个地震活跃时段，与华北地区的第三、第四地震活动期的活跃期大致一样。由表 4-1 可知，在现今活跃时段，区域发生过 4 次 7 级以上地震，在渤海海域内发生过 2 次 7 级以上地震，1976 年发生唐山 7.8 级地震及余震，地震活动处于活跃时段的后期，区域未来 100 年地震活动处于活跃时段的后期，仍存在发生 7 级以上地震的可能。

4.2.3.4 区域地震构造特征

(1)本区域位于华北断块区。区域中部及东北部为渤海海域，西北边为燕山南缘丘陵山地，西边为华北平原的冀东、鲁北平原，南部及东南部为鲁西、胶东低山丘陵区。区内新构造运动以大面积间歇性、差异性升降为主，伴随有较强烈的断裂活动。本区域现今地壳垂直形变表明：区内华北平原继续下沉，周边山地继续上升。GPS 研究结果表明，燕山地区及渤海北部优势运动方向为 NW 向，相对华北平原及渤海南部保持 2~3 mm/a 的左旋运动。以上结果反映出现今地壳运动的继承性活动特点，也表明 WNW 向张家口-渤海断裂带的现今活动性。

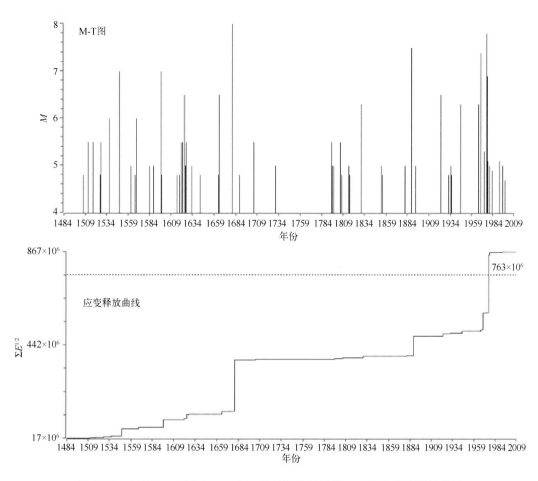

图4-10 区域1484年至2008年8月破坏性地震的M-T图和应变释放曲线

（2）区域强震的发生与区域内 NNE—NE 向及 NW—WNW 向这一对共轭断裂的活动密切有关。尤其是 WNW 向的张家口-渤海断裂带，这是一条左旋走滑的新生断裂带，带内主要的晚第四纪活动断裂有海河断裂、渤中2号断裂和蓬莱-威海断裂等。强震主要发生在上述断裂带上，分别为潜在发生7级、7.5级和8级地震危险段。该断裂带未来强震的发生，对本场址的地震安全产生不同程度的影响。郯庐断裂带中生代曾发生巨大的左旋走滑位移，新生代时期，尤其晚第四纪以来转变为右旋走滑，在渤海地区由于周围的拉张断陷作用，表现为走滑剪切兼有和正断拉张活动。此外，埕宁断隆上的 NE 向沙南3号断裂也是一条新生断裂。这些断裂带上未来强震的发生，对本场址的地震安全也有不同程度的影响。

（3）本工程场地处于 NNE 向营潍断裂带与 WNW 向张家口-渤海断裂带交汇处的附近（但不在上述两条强震发生带内），在次级构造单元的划分上位于埕宁断隆，渤中断陷和济阳断陷交接部位，新构造运动较强烈，属于构造不稳定地段。

在场址附近历史上最大的地震为 1888 年 7.5 级地震，但与该地震发生有关的 NE 向沙南 3 号活动断裂并未进入本工程场地，离本工程场地尚有 16 km 的距离。

（4）渤海海域的地震构造环境。

本工作的区域主体部分是渤海海域（主要是渤海中部地区），这里也是华北地震区强震频发区之一，先后发生 1548 年、1597 年、1888 年和 1969 年 4 次 7 级以上地震。据新的物探资料表明，NNE 向郯庐断裂在渤海内部被一系列大致平行的 WNW 向断裂左旋错断成许多段，其中规模最大、活动性最强的是渤海中部的 WNW 向断裂。渤海内部的构造格架就是由这两组构造组成的，它们控制着渤海的现代构造及地震活动。渤海内部活动断裂各段的现代活动性是不均匀的。郯庐断裂在渤海内部被 WNW 向断裂大致分割成活动程度不同的三段：北段活动性相对较弱，只记载到 5—5.5 级地震，近期微震活动也较少；南段只记录到 6 级左右的地震，沿断裂带附近近期有微震活动，地震活动性较北段高；中段由于受到一系列 WNW 向断裂的切割，断裂结构十分复杂，渤海内部有 3 次 7—7.5 级地震和若干次 5 级左右地震发生在中段，是渤海内部地震活动性最高的地区。

地球物理资料显示，渤海及其邻近地区是上地幔隆起区、软流层隆起区和壳-幔结构比 R 高值分布区。该区地壳上地幔介质在不同深度均存在显著的横向非均匀性。此外，郯庐断裂带的渤海地段也是一明显的高温异常带。

震源机制解表明，1969 年渤海 7.4 级地震的两组截面基本直立，走向分别为 NNE 和 WNW 向。这与渤海内部的两组主干断层的走向完全一致。主压应力轴（P）和主张应力轴（T）都近于水平。说明这次地震是在水平应力场作用下发生的走向滑动断层活动。其主压应力轴为 ENE-WSW 向。主张应力轴为 NNW-SSE 向。作用在 NNE 断层上发生右旋走滑运动；作用在 WNW 向断层上发生左旋走滑运动。

综合分析认为，区域范围内的强震活动主要受到郯庐断裂带、张家口-渤海-威海断裂带两大断裂带的控制，渤海强震构造区位于两大断裂带的交汇部位，具有发震频次高、震级大的特点，对工程场地的地震安全性评价也有重要的作用。

（5）历史地震对工程场地的影响。

华北是破坏性地震多发地区，工程场地历史上曾多次遭受破坏性地震不同程度的影响，区域内共发生过 6 级以上地震 20 多次，其中 6 次地震发生在渤海海域内。其中以 1668 年 7 月山东郯城 8.5 级地震、1679 年 9 月河北三河平谷 8 级地震、1976 年 7 月唐山 7.8 级地震以及几次渤海海域强震影响较大。有史料记载以来，有 3~4 次历史强震在场地的影响烈度大于或等于Ⅵ度，最大影响烈度为Ⅶ度。

4.3 埕岛油田近场区地震构造特征

1) 埕岛油田近场区地震活动性

埕岛油田近场区范围曾记载2次历史破坏性地震,其一为1888年渤海7.5级地震发生于埕岛油田的东北部,距各平台28~38 km;其二为1969年5.1级地震发生于油田的东南部,震中距各平台26~43 km(图4-11、表4-4)。1966年以来现代仪器记录M_L1—4.9级地震31次,其中M_L2—2.9级地震20次、M_L3—3.9级地震6次、M_L4—4.9级地震3次,最大地震震级达M_L4.3(表4-5)。

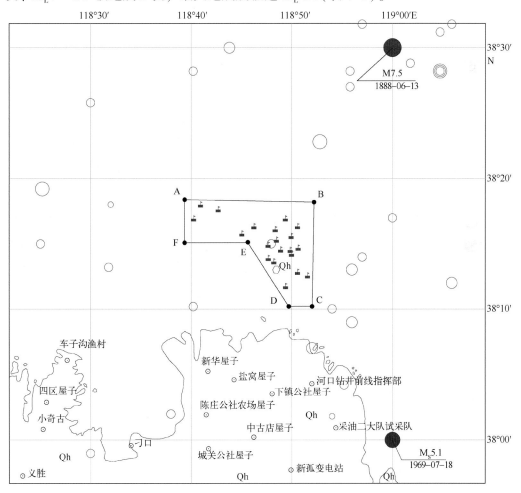

图4-11 近场区地震震中分布图

历史破坏性地震 M≥4.7级;现代仪器记录小震 M_L1—4.9级,1966年8月至2008年7月

地震震中分布图显示(图4-11),现代仪器记录小震散布于近场区内,北部海域地震次数相对多一些,地震活动隐约呈 NE、NW 向带状分布。油田内部曾有 2 次地震记录,油田外延 10 km 范围最大曾发生 1 次 $M_L 4.1$ 级地震。

由于台网监测能力有限,近场区内只有 3 次地震有震源深度数据,深度值均为 10 km,且均为 2006—2007 年记录(表 4-5)。

表 4-4　埕岛油田近场区历史破坏性地震目录($M \geqslant 4.7$)

日期	N	E	震源深度/km	震级	精度	震中地区
1888 年 6 月 13 日	38.5°	119.0°		7.5	4	渤海湾
1969 年 7 月 18 日	38.0°	119.0°	33	5.1	2	渤海

表 4-5　近场区现代仪器记录地震目录($M_L 3$—4.9 级,1966 年 8 月至 2008 年 7 月)

日期	N	E	深度/km	震级
1966 年 8 月 10 日	38.53°	118.95°		2.5
1969 年 8 月 21 日	38.32°	118.42°		4.3
1971 年 6 月 19 日	38.47°	118.67°		2.8
1971 年 9 月 24 日	38.07°	118.92°		2.5
1972 年 5 月 19 日	38.22°	118.53°		2.7
1973 年 6 月 9 日	38.20°	119.10°		3
1974 年 6 月 3 日	38.17°	118.67°		2.4
1976 年 12 月 11 日	38.43°	118.50°		2.7
1979 年 4 月 26 日	38.53°	119.10°		2.9
1980 年 11 月 15 日	38.38°	118.88°		4.1
1981 年 10 月 25 日	38.25°	118.80°		2.4
1983 年 1 月 14 日	38.50°	118.73°		3.2
1984 年 3 月 16 日	38.47°	119.08°		4
1984 年 3 月 16 日	38.47°	119.08°		3.8
1984 年 3 月 17 日	38.47°	119.08°		2.7
1988 年 11 月 18 日	37.98°	118.50°		2.2
1993 年 4 月 8 日	38.25°	118.80°		2.3
1993 年 10 月 9 日	38.16°	118.90°		2.7

日期	N	E	深度/km	震级
1994 年 1 月 30 日	38.25°	118.41°		2.5
1994 年 11 月 25 日	38.03°	118.63°		2.5
1995 年 2 月 7 日	38.15°	118.93°		3
1995 年 10 月 29 日	38.28°	119.00°		2.3
1996 年 5 月 31 日	38.21°	118.93°		3
1997 年 1 月 27 日	38.23°	118.95°		2.8
1998 年 4 月 9 日	38.11°	118.86°		3
1999 年 11 月 20 日	38.48°	119.03°		2.9
2006 年 10 月 13 日	38.52°	119.08°	10	2
2007 年 7 月 11 日	38.47°	118.93°	10	2.1
2007 年 7 月 25 日	38.45°	118.93°	10	2.4

2）埕岛油田近场区地震构造特征

（1）本近场区位于 NNE 向营潍断裂带以西，NW 向张家口-渤海断裂带以南地区。分属华北断坳区内埕宁断隆的埕北断凹、埕北低断凸、沙南断凹，济阳断陷的沾化断凹、黄河口断凹和渤中断陷的渤南低断凸、渤中断凹。工程场地主要位于埕宁断隆内的埕北低断凸之上，边缘涉及埕北断凹及沙南断凹。近场区内的基本构造格局以继承性的断块隆起和断块凹陷为特征。

（2）近场区位于渤海海域中部偏南一侧，为渤海中央低地靠近黄河口的一侧，海底基本平坦，向北缓倾，水深从南向北逐渐变深，在 3～15 m 之间变化。海底地貌简单，发育少量凹槽、凹坑，区内新构造运动主要表现为整体大面积沉降背景下的断块差异性运动和断裂活动。

（3）近场区断裂主要为近 EW 向、ENE 向和 NW 向。ENE 向沙南 3 号断裂和为晚更新世—全新世活动断裂，距场地最近距离为 16 km。渤南 2 号断裂、黄北断裂和 BZ25-1、BZ25-1-13、BZ25-1-12 断裂组为晚更新世活动断裂，距场址最近距离分别为 20 km、8 km，16 km。上述断裂，都是强地震的发震断层。埕北断裂、埕南断裂及 BZ25-1 西断裂为早、中更新世活动断裂，埕北断裂的东南段延入本工程场地区内。这些断裂均属较稳定的断裂，仅具备发生中等强度地震的构造条件，对场地影响不大。

（4）本工程场地位于 NNE 向营潍断裂带西侧，NW 向张家口-渤海断裂带南侧地区，离上述两条强震发生带有一定距离。工程场地周围 5 km 的范围内，仅有早、中更新世活动的埕北断裂，没有晚更新世活动断裂。埕北断裂上断点埋藏较深，因此，造成潜在危害的可能性较小。

因此，埕岛油田场区可能发生的潜在震级上限为 6.5 级。

4.4　新北油田近场区地震构造特征

1）新北油田近场区地震构造

近场区内发育多组断裂，其中 BZ28 断裂最新活动时代为晚更新世晚期；BZ34-2 断裂、龙口断裂、蓬莱 1 号断裂和渤南 2 号断裂最新活动时代为晚更新世晚期—全新世早期；KL3 断裂、黄北断裂和渤中 29 号断裂为晚更新世活动断裂；埕北断裂、黄河口断裂、垦北断裂和垦东断裂为早、中更新世活动断裂；埕南断裂和陈南断裂为第四纪早期活动断裂；胜北断裂为早更新世活动断裂；孤北断裂为第四纪不活动断裂（图 4-12）。

2）近场区地震活动特征

自有史料记载以来，近场区内发生过 9 次破坏性地震，其中，4.7—4.9 级地震 3 次，5—5.9 级地震 5 次，7 级以上地震 1 次，即 1969 年渤海 7.4 级地震，对工程场地的影响烈度为Ⅷ度。

1970 年至 2008 年 8 月，近场区内共发生 $M_L \geqslant 2$ 级地震 344 次，其中 2—2.9 级地震 186 次，3—3.9 级地震 150 次，4—4.9 级地震 8 次。最大地震为 2001 年 9 月 19 日渤海 4.7 级地震。近场区范围内发生的地震分布极不均匀，主要集中在 1969 年渤海 7.4 级地震附近，密集成群，受 BZ28、BZ34-2、黄北断裂和黄河口断裂的控制。

1970 年至 2008 年 8 月，近场区范围内共发生 $M_L \geqslant 2$ 级地震 344 次，其中有深度记录的 117 次。对近场区地震震源深度分布统计表明，由表 4-6 可以看出，近场区内平均震源深度是 25 km，优势深度范围分布在 16～25 km 内，76.92%的地震震源深度都小于 30 km，因此大部分地震为中、上地壳内的浅源构造地震。

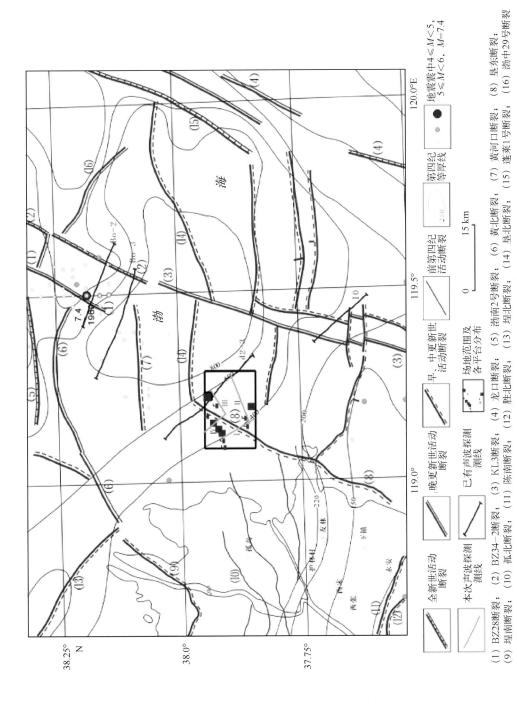

图4-12 新北油田近场区地震构造图

(1) BZ28断裂; (2) BZ34-2断裂; (3) KL3断裂; (4) 龙口断裂; (5) 渤南2号断裂; (6) 黄北断裂; (7) 黄河口断裂; (8) 昌东断裂;
(9) 垦南断裂; (10) 孤北断裂; (11) 陈南断裂; (12) 埕北断裂; (13) 胜北断裂; (14) 垦北断裂; (15) 蓬莱1号断裂; (16) 渤中29号断裂

表 4-6 近场区现代地震次数随震源深度分布统计

震源深度/km	1~5	6~10	11~15	16~20	21~25	26~30	>30
地震次数	1	9	11	12	28	29	27
比例(%)	0.85	7.69	9.40	10.26	23.93	24.79	23.08

自 1970 年以来，近场区范围内 $M_L \geq 2$ 级地震震级随时间的分布如图 4-13 所示。可以看出自 1970 年以来，近场区小震频次较高，强度小，在 1998 年后频次稍有降低，分析认为近场区地震活动频次较高、震级偏小，强度不大。

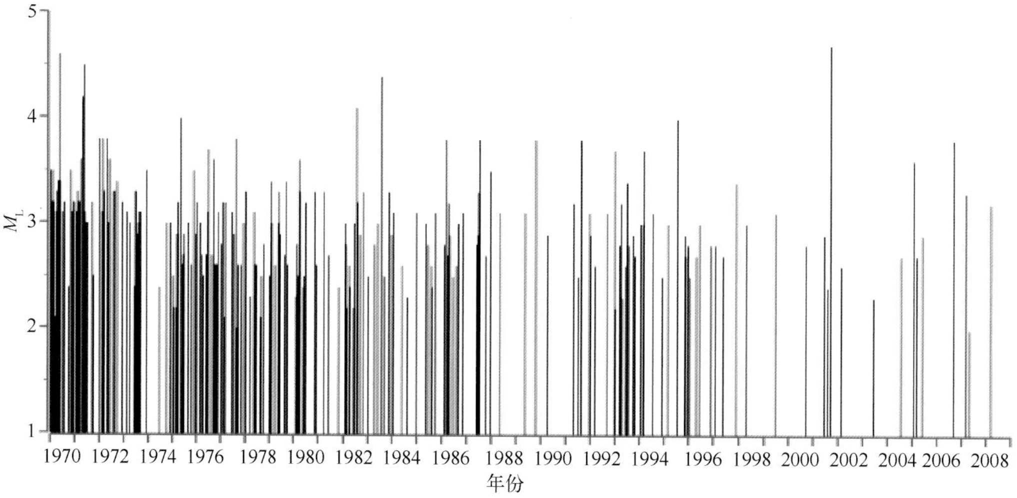

图 4-13 近场区 $M_L \geq 2$ 地震 M-T 图(1970 年至 2008 年 8 月)

近场区沿张家口-渤海-威海断裂带划分出沙南-渤南 7.5 级潜在震源区和垦北 6.5 潜在震源区，沿营潍断裂带划分出渤中 1 号 8 级潜在震源区和渤中 2 号 7.5 级潜在震源区。

因此，新北油田近场区具有发生 8 级地震的构造条件。

4.5 场地地质构造特征

4.5.1 垦岛油田场地地质构造特征

1)场地地形和地貌特征

垦岛油田工程场地在地貌上属于渤海湾的滩海地区，但同时又处于黄河入海口附近，使地形具有平缓、微倾之特征，使工程地质条件又具有江河三角洲冲积相类型。海岸线至水深2 m，海底面相对平缓，坡度为0.002%~0.045%；水深2~10 m，海底面相对较坡，坡度0.107%~0.167%。海水深度总的来说东南部较深，远离海岸线较深。

2）场地地质构造环境特征

工程场地在构造上位于济阳坳陷北部与埕北低凸起相邻的部位。埕北断裂，穿过本工程场地的西部，工程场地内未发现有断错晚更新世以上地层的迹象，其活动时代应为第三纪晚期及第四纪早期。

在中更新世，本地区为滨海陆地，湖泊河道星罗棋布，主要地层为黏土和粉砂互层，其间有4~5次海浸，时间都比较短暂。进入晚更新世以后，本地区经历了两次较大的海侵，即较早的沧州海侵（在山东称为羊口海侵，7.5万~12.7万年前）及献县海侵（在山东称为广饶海侵，2.3万~3.1万年前）。在海退期间，本地区为陆地。在全新世（1.2万年前至8500年前，本地区为冲积平原。在8500年前因海平垦利海侵），至6000年左右达到顶点，本地区成为渤海浅海，水深在16 m以上，随后又有所减低。最近2500年以来，黄河时时注入渤海，其泥沙淤积导致了岸线增长，尤其是1855年以来黄河重入渤海后，使埕岛地区从浅海变成了滩海过渡带。

海底面往下十几米内，地层都为粉砂、粉土夹黏土或淤泥质土，显示黄河自1855年以来，改道入侵的沉积物特征。这一套地层结构十分复杂，在成分和空间分布上都不均匀，变化较频繁，常不连续，地基承载力不均匀，地层剪切波速值变化较大。这一套地层以下至100 m深内地层为低海面时期，河流相及滨海相沉积交替出现，并以河流冲积相为主。

海底以下100 m深内，分为第四系全新统和上更新统地层。其中全新统地层平均13.9 m，广泛分布，其岩性以粉砂、粉土、夹黏土或淤泥质土为特征，表层松软，往下中密-稍密、中软。由于黄河改道入侵影响，这一套地层岩性变化较大，连续性差。上更新统地层较厚，孔深100 m未揭穿。该套地层以河流冲积相为主，表现出粗、细颗粒相间交替出现的沉积韵律，即粉土、粉细砂层与粉质黏土、黏土交替出现。同时受海侵影响，出现含贝壳屑的细颗粒岩性-粉质黏土出现。

依据对比全新统地层厚度、淤泥及淤泥质粉质黏土厚度以及场地土等效剪切波速三项指标的差异划分出两个小区。整个场地可分为两个工程地质小区，但均属同一个沉积环境和地貌环境，同时代同层位工程地质条件差异不大。

根据《建筑抗震设计规范》（GB 50011—2001）的规定，本工程场地属于Ⅲ类建筑场地。场地土等效剪切波速值均大于 140 m/s，场地的覆盖层厚度均大于100 m。根据《建筑抗震设计规范》（GB 50011—2001）中划分对建筑抗震有利，不利和危险地段标准，本场地虽地面比较平坦，但有砂土、粉土地震液化的可能和软土震陷的可能，属对建筑抗震不利地段。

4.5.2　新北油田场地地质构造特征

1）场地地形和地貌特征

场地属黄河三角洲海积-冲积平原，地貌单一，地势西高东低，地面标高最大值−3.80 m，最小值−13.20 m，地表相对高差 9.40 m。地面在海水以下 3.80~13.20 m。工程场地的钻探结果表明：全新统厚度 15.40~20.60 m，平均 17.49 m。

2）场地地质构造环境特征

（1）场地地处华北平原坳陷区之济阳坳陷东端，在地质构造上处于郯庐大断裂带的西侧，主要受新华夏构造体系和 NW 向构造控制，为中、新生代断块坳陷盆地。三叠纪印支运动使该区遭受强烈挤压，形成了一系列 NNE 向和近东 EW 的断裂，组成了断陷盆地的框架。晚侏罗纪—白垩纪的燕山运动时期，由于太平洋板块向欧亚大陆板块俯冲，形成了一系列的断陷盆地，形成了侏罗系和白垩系为含煤的砂岩、泥岩和火山岩夹紫灰色砂泥岩堆积。第三纪盆地块断差异活动更加显著，堆积了一套巨厚河湖及滨海相砂岩、泥岩夹油页岩及生物碎屑岩沉积。第四纪本区主要受冰期-间冰期所引起的海平面变化及黄河的影响，形成了一套以灰黄、灰黑色的粉土、黏质砂土、粉质黏土、黏土等为主海陆交互相沉积，沉积厚度 400~600 m。

（2）KD34A、KD34B、KD34C、KD47、KD481A、KD80、KD403、KD405、KD261 孔等效剪切波速分别为 136 m/s、140 m/s、152 m/s、154 m/s、134 m/s、155 m/s、136 m/s、130 m/s、140 m/s，覆盖层厚度大于 80 m。

（3）工程场地内埋深 70 m 以浅的地层中未发现有明显断裂迹象，地层结构比较稳定。根据有关的物探资料，垦东断裂从场地通过，但声波探测资料表明，该断裂对晚更新世地层没有影响，不是活断层。综合分析认为，场地内没有活断层通过。

综合判定本场地为Ⅲ—Ⅳ类建筑场地。

第5章 黄河口海域海洋生态演变分析

5.1 资料来源

为全面了解黄河口海域海洋生态环境演化变迁，本项目采取现场调查数据收集和文献检索相结合的方式。现场调查数据收集的主要为东营黄河口海域 2011—2020 年调查数据，包括海洋化学：pH，溶解氧（DO），化学需氧量（COD），总磷（TP），总氮（TD），硝酸盐，亚硝酸盐，铵盐和石油烃；海洋生物：浮游植物，浮游动物，底栖动物，游泳动物，鱼卵仔稚鱼等重要海洋生态环境指标。

现场调查数据根据历年项目执行任务不同，调查的区域有所差异，其中 2011 年和 2012 年调查站位 24 个（图 5-1），2013 年和 2014 年调查站位 30 个（图 5-2），2015—2020 年调查站位 66 个（图 5-3）。

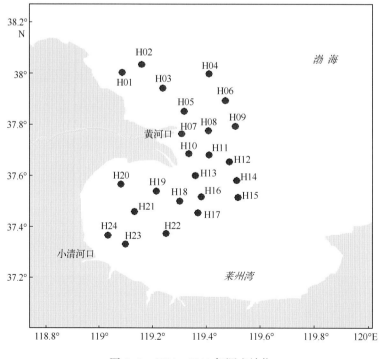

图 5-1　2011—2012 年调查站位

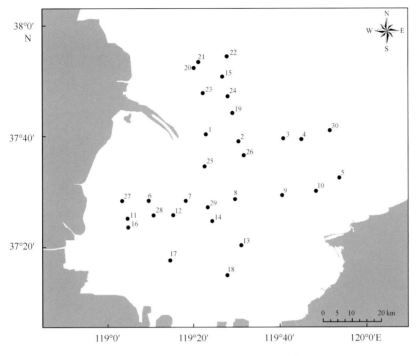

图5-2　2013—2014年调查站位分布

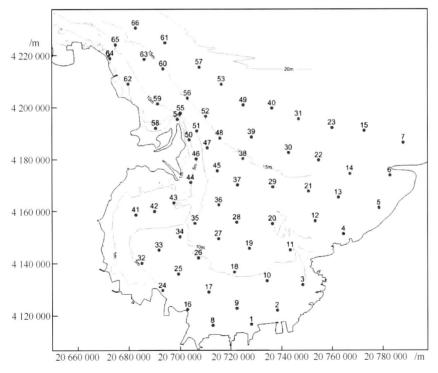

图5-3　2015—2020年调查站位分布

项目组在知网、万方数据库中检索了黄河口生态环境相关文章，获取了与现场调查数据一致的海洋化学和海洋生物指标数据，检索数据年份自 2011—2020 年，共检索相关论文 80 余篇。

5.2　黄河口海洋环境变迁分析

黄河口海洋环境变迁分析主要包括 pH、溶解氧（DO）、化学需氧量（COD）、总氮、总磷、氨氮、亚硝酸氮、硝酸氮、磷酸盐、石油烃共 10 个指标的变化。

1）pH

海水 pH 值是海水酸碱度的一种标志，入海径流和污水排放是影响海域 pH 的主要因素。本调查海域表层海水近 10 年 pH 值的变化范围为 8.11~8.30，平均值为 8.19，最大年份为 2019 年，最小年份为 2015 年，年度变化波动平缓，符合《海水水质标准》（GB 3097—1997）中的第一、二类海水水质标准。其变化趋势如图 5-4 所示。

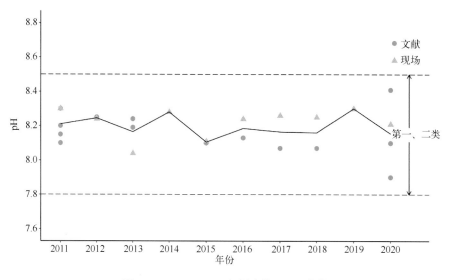

图 5-4　2011—2020 年调查海区 pH 变化

2）溶解氧（DO）

水中溶解氧的含量受水温、气压、盐分等影响，大气中氧分压下降、水温上升、含盐量增加都会导致溶解氧浓度降低。水中溶解氧的含量是衡量水体自净能力的一个重要指标。本调查海域表层海水近 10 年 DO 的变化范围为 6.87~12.63 mg/L，平均值为 8.51 mg/L，最大年份为 2012 年，最小年份为 2018 年。2013 年 DO 含量较前两年降低明显，其后年度变化趋于稳定，符合《海水水质标准》(GB 3097—1997)中的第一类海水水质标准(2018 年 1 份文献数据为第二类海水水质标准)，其变化趋势如图 5-5 所示。

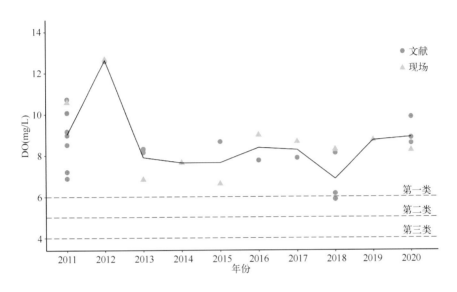

图 5-5 2011—2020 年调查海区 DO 变化图

3)化学需氧量(COD)

化学需氧量是衡量海水中有机物浓度的间接指标，是反映水体中有机及无机可氧化物质污染的常用指标。本调查海域表层海水近 10 年 COD 的变化范围为 0.96~2.42 mg/L，平均值为 1.54 mg/L，最大年份为 2014 年，最小年份为 2019 年。2013年与 2014 年 COD 较高，属于第二类海水水质，其余调查结果均符合国标第一类海水水质标准，其变化趋势如图 5-6 所示。

4)总氮

水的总氮是指水中各种形态的氮浓度的总和，包括溶解的化合态氮和颗粒化合态氮，是反映水体富营养化水平和污染水平的重要指标之一。本调查海域表层海水近 10 年总氮的变化范围为 0.92~1.67 mg/L，平均值为 1.23 mg/L，最大年份为 2019 年，最小年份为 2014 年，整体年度变化呈逐年增长趋势，其变化趋势如图5-7 所示。

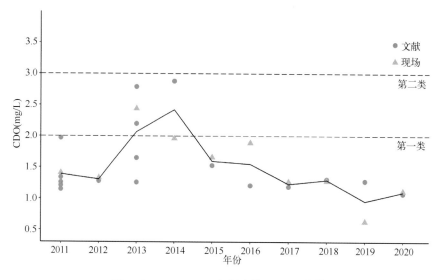

图 5-6　2011—2020 年调查海区 COD 变化

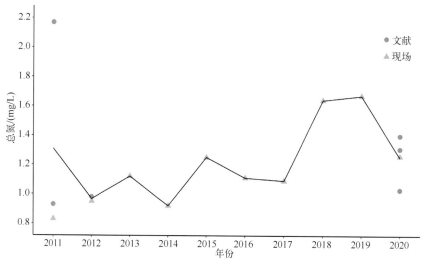

图 5-7　2011—2020 年调查海区总氮变化

5）总磷

水的总磷是指水中各种形态的磷浓度的总和，包括溶解态与颗粒态的磷。溶解磷中包括溶解正磷酸盐、多聚磷酸盐、偏磷酸盐、有机态磷酸酯等；颗粒磷中包括不溶解无机磷与有机磷。水的总磷是反映水体富营养化水平和污染水平的重要指标之一。本调查海域表层海水近 10 年总磷的变化范围为 0.039~0.153 mg/L，平均值为 0.090 mg/L，最大年份为 2020 年，最小年份为 2014 年，整体年度变化呈先降低后增长趋势，其变化趋势如图 5-8 所示。

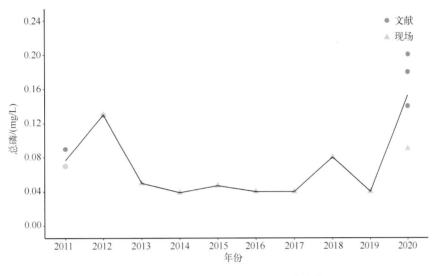

图 5-8　2011—2020 年调查海区总磷变化

6）氨氮

本调查海域表层海水近 10 年氨氮的变化范围为 0.020～0.136 mg/L，平均值为 0.068 mg/L，最大年份为 2020 年，且该年份内氨氮波动较大，最小年份为 2018 年，整体年度变化呈先增长、后降低、再增长趋势，其变化趋势如图 5-9 所示。

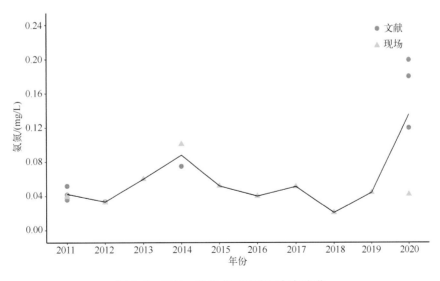

图 5-9　2011—2020 年调查海区氨氮变化

7）亚硝酸氮

亚硝酸氮是一种有毒物质，通常水体中的亚硝酸氮对水生动物具有较强的毒性。作用机理主要是通过鱼类等的呼吸作用，使正常的血红蛋白发生氧化，输氧功能受到影响，出现组织缺氧从而导致水生生物缺氧，甚至窒息死亡。亚硝酸氮还可与仲胺类反应生成致癌性的亚硝胺类物质。本调查海域表层海水近 10 年亚硝酸氮的变化范围为 0.004～0.086 mg/L，平均值为 0.047 mg/L，最大年份为 2020年，最小年份为 2012 年，2012 年后年度变化呈增长趋势，其变化趋势如图 5-10所示。

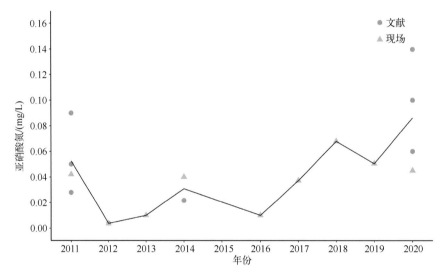

图 5-10　2011—2020 年调查海区亚硝酸氮变化图

8）硝酸氮

硝酸氮广泛存在于天然水体中，如果浓度不是过高，一般不会对水产动物产生直接毒害。但当水体处于缺氧状况时，硝酸氮会由于反硝化作用生成有毒的亚硝酸盐；同时，含有大量硝酸氮废水的排放，还会造成周边水域的富营养化。本调查海域表层海水近 10 年硝酸氮的变化范围为 0.069～0.787 mg/L，平均值为0.370 mg/L，最大年份为 2020 年，最小年份为 2014 年，整体年度变化呈先降低后增长趋势，其变化趋势如图 5-11 所示。

9）磷酸盐

磷酸盐是反映水体富营养化水平和污染水平的重要指标之一。海水中磷酸盐浓度变化范围较大，近岸海区因大陆径流的排入致使磷酸盐浓度常比远岸海区高。本调查海域表层海水近 10 年磷酸盐浓度的变化范围为 0.007~0.051 mg/L，平均值为 0.015 mg/L，最大年份为 2014 年，最小年份为 2013 年，2012 年和 2014 年的文献记录存在磷酸盐超标现象，2019 年磷酸盐浓度为《海水水质标准》（GB 3097—1997）中的第二类海水水质，其余年份均符合第一类海水水质标准，其变化趋势如图 5-12 所示。

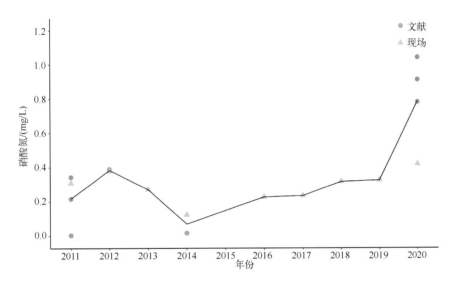

图 5-11　2011—2020 年调查海区硝酸氮浓度变化

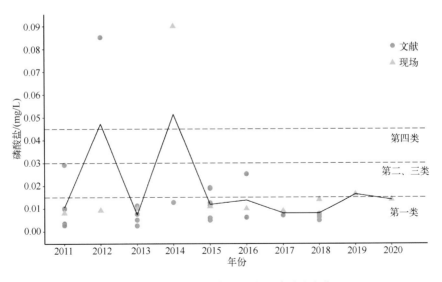

图 5-12　2011—2020 年调查海区磷酸盐变化

10）石油烃

本调查海域表层海水近 10 年石油烃浓度的变化范围为 0.025～0.048 mg/L，平均值为 0.036 mg/L，最大年份为 2011 年，最小年份为 2020 年，2011 年部分采样数据显示，石油烃浓度为《海水水质标准》（GB 3097—1997）中的第三类海水水质，其余年份均符合第一、二类海水水质标准，整体年度变化呈降低趋势，其变化趋势如图 5-13 所示。

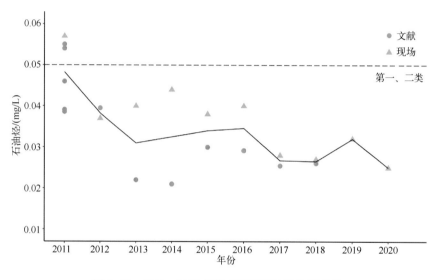

图 5-13　2011—2020 年调查海区石油烃浓度变化

5.3　海洋生物变迁分析

黄河口海域生物资源调查包括浮游植物、浮游动物、游泳动物、底栖动物、鱼卵密度的变化。

1）浮游植物

本调查海域表层海水近 10 年浮游植物种类数量的变化范围为 45～74 种，平均值为 58 种，最大年份为 2013 年，最小年份为 2018 年，整体年度变化呈下降趋势，其变化趋势如图 5-14 所示。

2）浮游动物

本调查海域表层海水近 10 年浮游动物种类数量的变化范围为 21～47 种，平均值为 34 种，最大年份为 2019 年，最小年份为 2014 年，整体年度变化呈先降低后增长趋势，其变化趋势如图 5-15 所示。

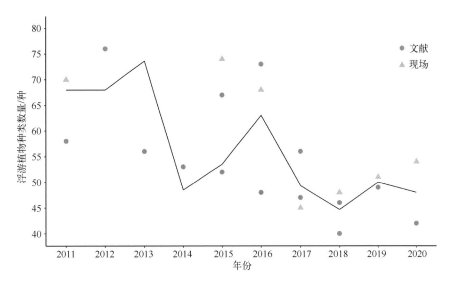

图 5-14　2011—2020 年调查海区浮游植物种类数量变化

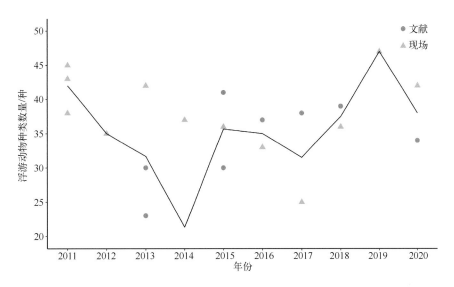

图 5-15　2011—2020 年调查海区浮游动物种类数量变化

3）游泳动物

本调查海域表层海水近 10 年游泳动物种类数量的变化范围为 45~95 种，平均值为 71 种，最大年份为 2015 年，最小年份为 2013 年，2015 年后的游泳动物种类数量较前几年有明显提高，其变化趋势如图 5-16 所示。

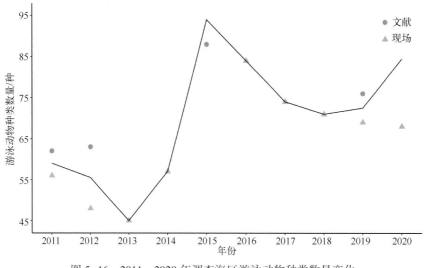

图 5-16　2011—2020 年调查海区游泳动物种类数量变化

4）底栖动物

本调查海域表层海水近 10 年底栖动物种类数量的变化范围为 45～88 种，平均值为 72 种，最大年份为 2016 年，最小年份为 2013 年，整体年度变化呈先降低、后增长、再降低趋势，其变化趋势如图 5-17 所示。

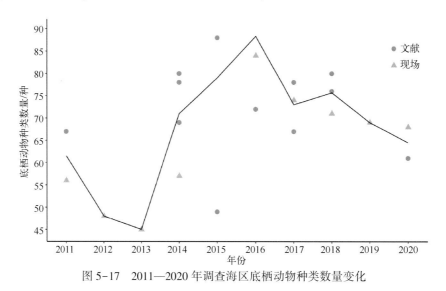

图 5-17　2011—2020 年调查海区底栖动物种类数量变化

5）鱼卵密度

本调查海域表层海水近 16 年鱼卵密度的变化范围为 0.11～6.79 ind/m³，平均值为 1.37 ind/m³，最大年份为 2019 年，最小年份为 2005 年，年度变化呈增长趋势，且整体趋势与黄河 3—5 月径流量一致，其变化趋势如图 5-18 所示。

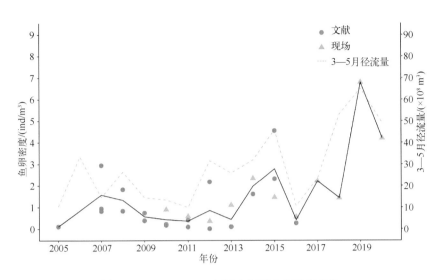

图 5-18　2005—2020 年调查海区鱼卵密度变化

5.4　海洋生态环境变迁分析

黄河是连接陆地与海洋的纽带，其入海淡水带来大量泥沙的同时也携带了丰富的营养盐等物质，构成了黄河口海域生态系统的物质基础，不仅调节着河口区的生态系统平衡，还维系着近岸海域的生态健康。自 2002 年开始，小浪底水库开始调水调沙，自此黄河口入海流量和水沙变化趋势有了显著的变化。从现场调查和文献综述两方面来看，黄河口水环境的变化主要受黄河口入海净流量的影响，由于灌溉在黄河流域农田生产中占有较高比重，土壤植物不能吸收的氮、磷等养分及少量有机质会伴随农业退水排到河流中进而入海，导致黄河口水体中的氮元素、磷元素的浓度偏高，此外工业废水的排放会导致 COD 指标偏高。2018 年开始，国家进行了渤海综合治理攻坚战行动计划，对黄河入海水质提出要求，并对河流上游进行污染治理，因此黄河口区域生态环境治理明显改善。

从黄河口生物种类数量来看，调查区域的浮游植物出现明显下降趋势，其他种类类型趋于稳定，虽然鱼类生物种类数量没有下降，但是出现了小型化现象，表明黄河口生物种类受到明显的影响。从文献资料分析，黄河口生物种类影响更多来源于长期的捕捞压力和生境破坏。

5.5 油田开发活动环境影响分析

随着世界经济一体化的飞速发展，以石油为代表的能源作为各个国家发展的必需品愈发紧张。在 20 世纪 60 年代，我国兴起了海洋石油工业，在莺歌海浅海区域，通过将冲击钻安装在驳船上，我国首次打出了两口井，并采集了 150 kg 的重质原油。目前，我国海洋油气资源勘探开发主要在莺歌海盆地、东海凹陷盆地、渤海盆地以及珠江口盆地等区域，其中，渤海盆地是勘探度最高的区域，其石油地质储量大约有 10×10^8 t。但伴随海洋石油的开采与运输事业蓬勃发展，海洋环境污染事件随之增多，给人类带来巨大的环境风险。由于海上情况复杂，一旦发生溢油污染，消除其危害及影响的成本巨大，风险极高，影响范围广，而海洋生态环境一旦遭受破坏或污染，极其不易恢复。

在我国，海洋油气开发活动可分为勘探、开发、运营以及废弃处置四个阶段。勘探阶段是指为了寻找和查明油气资源，利用各种勘探手段了解地下的地质状况，确定油气聚集的有利地区，找到储油气的圈闭，并探明油气田面积、油气层情况和产出能力的过程；开发阶段主要进行钻井和管线铺设的工程建设活动；运营阶段包括采油气、集中处理、贮存及输送等环节；废弃处置阶段，是指海上油气田终止一切生产活动后，对该油气田的海上生产设施进行处置以有效管理的过程。

5.5.1 勘探阶段对海洋环境影响分析

海洋油气勘探包括海洋地质调查、海洋地球物理勘探、地球化学勘探、海洋钻井、测井、地质录井、试油等。

海洋油气资源勘探是高投入、高技术以及高风险的系统工程。海洋地质调查通常包括海洋沉积、海洋地貌和海底构造调查，具体包括海上定位、表层取样和柱状取样、测深、浅地层剖面测量、旁侧声呐扫描等，是开展海洋地貌、沉积和构造等的研究及勘测海底矿产资源最重要的基础性工作；海洋地球物理勘探，是用物理的手段寻找海底石油和天然气资源的方法，包括海上重力勘探、海上磁力勘探和海上地震勘探三种，需使用装有船舷重力仪、海洋核子旋进磁力仪、海洋地震检波器等仪器的物探船，并配备无线电导航、卫星导航定位等装备开展工作；海洋石油地球化学勘探包括海水溶解烃取样分析、扫描荧光分析、海底取样分析、气相色谱分析、微生物地球化学分析等技术；海洋钻井由于受海洋自然地理环境的影响，要考虑风浪、潮汐、海流、风暴潮等影响，设备结构复杂，必须使用钻井平台，钻探勘探较陆地成本高；海洋油气井筒技术，包含了测井、测试、地质录井等，已经广泛采用随钻测井、各类成像测井等技术。

地震勘探是地球物理勘探中最重要的一种方法，是由人工制造强烈的震动或非炸药震源所产生的弹性波在传播过程中遇到岩层界面产生反射波或折射波，根据波的传播路线和时间，确定发生反射波或折射波的岩层界面的埋藏深度和形状，认识地下地质构造，以寻找油气圈闭。海底节点地震勘探，是近年来出现的一种新的海洋地震勘探技术，通过布设在海底的节点地震仪，记录在海水中激发并由海底之下地层界面反射的地震信号，可以在海上钻井密集区得到多方位角、多偏移距地震数据集。

目前，海洋石油勘探时间、勘探频率等受环境因素影响较大，不确定性因素较多。根据海洋勘探工作采用的技术和设备分析，该阶段产生环境污染物的概率较小，但存在地质性溢油的风险，造成含油污染物外泄；同时，由于地震引起的地震波，会对周围海洋生物产生损伤或干扰，特别是大型哺乳类生物，但由于现有文献资料缺乏，无法对其进行定量评估分析。有关海洋勘探对海洋环境与生物的影响，还有待于进一步研究。

5.5.2 开发阶段对海洋环境影响分析

开发阶段包括测井、试井、钻井等过程以及平台建设、海底管道铺设活动，主要污染物有钻井液、钻屑、铺管作业悬浮物、船舶污染物（包括机舱含油污水、生活污水、生活垃圾、生产垃圾）。主要钻井平台有栈桥式钻井平台、固定式钻井平台、坐底式钻井平台、自升式钻井平台、半潜式钻井平台等。

开发阶段对海洋环境的影响主要表现在两个方面：①海洋油气开发过程中产生的钻屑、钻井液等污染物，不仅对海洋环境产生影响，而且会危害海洋底栖生物如贝类、甲壳类、鱼类等动物的呼吸、摄食；②铺设海底管道施工过程对海洋生物的影响，主要是施工过程会造成底栖生物栖息环境的破坏，同时在挖掘过程中形成悬浮泥沙扩散对渔业资源的影响，海底管道铺设掀起的泥沙引起水体浑浊度的增加，进而影响水体中各生物类群如浮游植物、浮游动物及鱼类的生理、行为、繁殖、生长等，从而影响整个水生态系的种群动态及群落结构。

根据《新滩油田垦东 12 区块开发环境影响报告书》《老河口油田老 168 井区新区产能工程建设项目海洋环境影响报告书》《垦东 12 西产能建设工程环境影响报告书》等渤海区域多处油田开发工程环境影响报告分析，海上油气开发现采用的主要建设工艺和设备符合清洁生产的要求，工程建设阶段特征污染物钻井油层泥浆和钻屑全部运回陆地交有资质单位处理，不排海。建设阶段产生的生活垃圾和生产垃圾全部运回陆地进行处理或综合利用，生活污水处理达标后排放，机舱、机房和甲板含油污水不排放。施工结束后，悬浮物影响也将随之消失，对渔业生态环境的影响属临时性的，在一定时间内可得到恢复。因此施工过程中悬浮物扩散不会对生态环境产生较大的影响。在工程建设实施过程中、建设后的营运中应采取增殖放流、生物修复、渔业资源养护等有效措施，将工程对渔业生态环境和渔业资源的损害程度降到最低。

根据文献资料显示，目前海上石油勘探开发技术较为成熟，在满足工程条件的情况下均采用清洁生产模式，环境保护措施比较充分，对海洋环境的影响在可接受的范围内。2009—2019 年《北海区海洋环境公报》《中国海洋环境状况公报》《中国海洋生态环境状况公报》等海洋环境公报中对海洋石油勘探开发区周边海域海水监测结果显示，海洋油气开发活动未对周边海域环境及功能产生明显影响。

5.5.3 运营阶段对海洋环境影响分析

海上油气开发活动的运营阶段包括采油气、集中处理、贮存及输送等环节，通过人工的方式把地下的油气资源通过运输管道转移到地面上后到达原油分离处进行气体和液体的人工分离以及相应的脱水处理。

运营过程中所产生的污染源主要有两类：①生活区的生活污水及生活垃圾；②作业区的伴生天然气、含油生产水、含油污水、生产垃圾、发电机废气、温排水。根据相关油田环评报告分析，运营过程中产生的生活污水和机舱含油污水处理达标后间断排放；生活垃圾中的食品废弃物经处理颗粒直径不大于 25 mm 后排放，其他生活垃圾及生产垃圾运回陆地处理；生产垃圾中的固体废物运回陆地处理，含油生产水、含油污水经生产水处理系统处理达标后排放；伴生天然气进入火炬系统燃烧后排放；发电机废气经排烟管排放。其中，含油生产水、生活污水等各类废水的排放，会对海水水质产生影响，给生物资源、栖息地环境等造成不同程度的生态压力，可能造成生物多样性丧失、重要栖息地破坏等生态后果。海底油田在开采过程中的溢漏及井喷，使石油进入海洋水体，油田底层局部会自然溢油。在海洋石油开发中若出现事故，造成大量原油外泄，将会造成巨大的生态灾难甚至给当地生态带来毁灭性的破坏。2011年的蓬莱19-3油田持续几个月的溢油事故，对周围海域造成了极大的影响。另外，石油开采活动还可能通过提高周围环境重金属元素、污染物含量或实施油田建设工程对周围环境造成压力。

但是同时，也有研究表明存续期的作业平台又可以为鱼类和海洋哺乳动物提供繁殖、生长、索饵和避敌的场所，起到类似人工鱼礁的作用，有利于海洋鱼类的繁衍生息。

5.5.4 废弃处置阶段对海洋环境影响分析

根据《海洋石油平台弃置管理暂行办法》等法律法规规定，海上油气平台在停止生产作业后，如果没有其他用途或合理理由，必须进行废弃处置。海洋石油平台弃置可分为原地弃置、异地弃置和将平台改作他用三种方式。其中，原地弃置与异地留置都需要对废弃设施做拆除处理，改作他用是将废弃设施经改造后作为其他用途继续使用。以上三种处置方式，对海洋生态环境的影响可分为以下两个方面。

(1)拆除方案影响。研究报道，海上退役采油设施拆除可能造成环境影响的因素主要包括设施停止使用后，残留的用于油气生产和处理的化学物质的处理或回注和海底管道拆除过程中发生的碳氢化合物和重金属的泄漏溢漏；拆除作业如采用爆破的方式拆除平台等装置时，爆破产生的巨大冲击等。但是，海上石油平台的固定结构长期存在于海洋环境中，各种海洋生物得以不断附着、生长、繁殖，使平台及其附属装置周围形成较为稳定的生态系统，从而使平台具有了一定的生态功能，成为海洋鱼类优良的索饵和栖息场所。一旦对平台实施全部拆除，必然会使平台周边形成的稳定生态受到影响，还有可能破坏平台周围海洋生物原有的生境。

(2)平台再利用方案。目前，我国对退役海上油气平台的处置办法主要以弃置为主，再利用手段及相关的法律法规尚不成熟。国外退役油气平台再利用方式研究相对较多，包括平台造礁、改为旅游休闲设施、改建为海上发射平台、改为军事雷达监视基地等。其中，平台造礁方案，利用废弃的平台结构并适当结合其他造礁材料来建设人工鱼礁，是目前国际上应用最多的废弃海上油气平台再利用的方式，是兼顾成本节约和生态修复的最有效的平台弃置管理方式之一。

根据东营市河口区的埕岛油田退役平台造礁示范工程实验结果(图5-19)，平台造礁对该区海域水质及沉积物的环境修复效应，与对照区相比，鱼礁投放区悬浮物浓度明显升高，鱼礁建设所产生的上升流可能是导致悬浮物增加的主要原因，而上升流携带底层营养盐与表层海水充分交换，增加了海水营养盐的含量(硝酸氮、氨氮、化学需氧量、磷酸盐、总磷等)，促进各种藻类的生长从而提高了海域初级生产力；同时，对该海域生态系统和渔业资源恢复具有重要作用，鱼礁群建成15个月时，礁群高度与建成2个月时的礁群高度相差不大，且礁群未发生明显倒塌，具有很好的稳定性；与对照区相比，投礁后鱼礁区浮游植物数量增加，而浮游动物和底栖生物的数量减少，这可能与鱼类对浮游动物和底栖生物的摄食有关；鱼礁区的渔业资源密度高于对照区，约为对照区的1.6倍。

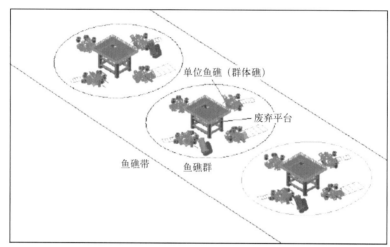

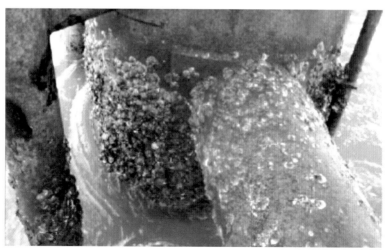

图 5-19　平台造礁示意图及效果图

石油开发活动对海洋环境的影响如图 5-20 所示。

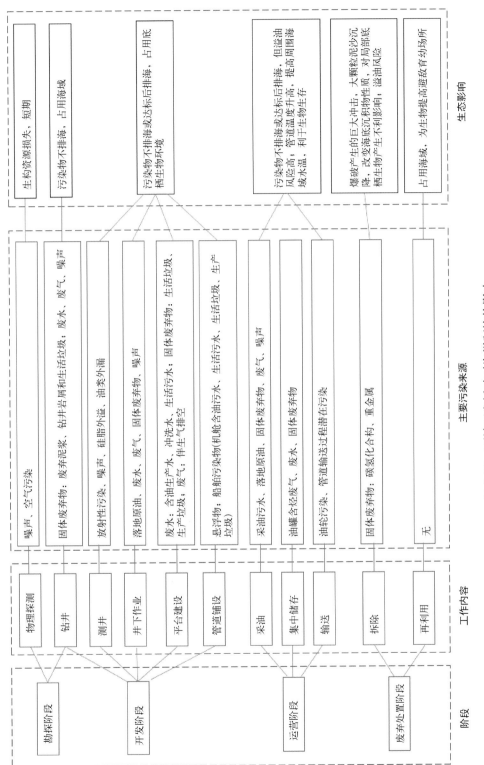

图5-20 石油开发活动对海洋环境的影响

此外，海上油田生产过程也会伴随一些非污染生态影响。油田生产过程会涉及复杂的工艺工程，不可避免地会对周围环境造成不同程度的破坏。如油田开发的网状布局模式，会对开发区域的自然生态系统造成干扰。在油田开发生产过程中，不同时期和生产方案对生态环境造成的影响具有不同的特征，既有直接影响也有间接影响，既有显性影响也有潜在影响，既可能是短期影响也可能是长期影响等。

综上，海上油田建设对海洋环境及生物资源的影响是非常复杂的，随着石油开发技术的不断改进与创新，对周边区域环境的影响逐渐降低，最大风险来源于溢油事故，但由于相关研究资料匮乏，海上石油开发与海洋生态演变的关联性分析，有待于进一步研究。

5.6　结论与建议

5.6.1　结论

1) 海洋石油开发活动管理政策趋紧

通过滩海油田开发活动管理政策分析，在我国新时代生态文明建设背景下，海洋石油开发利用活动的管理体系越来越完善，管理制度越来越严格，相应的法律、行政法规、地方性法规、部门规章、技术标准等政策文件不断更新、细化，提出了更多管控要求。由于之前对海洋石油开发活动相关管理政策关注不足，导致多处采矿区域存在开发与保护的矛盾，不仅影响石油开采活动进程，造成经济损失，也制约了生态保护效率。

2) 海上石油开发技术不断创新

目前我国在勘探、开发、运营和废弃处置阶段的技术较为成熟，多采用清洁生产模式，生产过程产生的污染物不排海或达标排放，环境保护措施比较充分，大部分符合清洁生产工艺。高校、科研院所及石油开发公司也不断研发新技术，以降低石油开发活动造成的环境风险。2022 年，中原石油工程公司研究人员创新升级处理装置，研制出吸盘式负压钻井液振动筛，通过过程减量化，可最大限度回收利用废弃钻井液及废水，减少钻井液废弃物的产生与排放，具有良好的生态效益和经济效益。海洋石油开发行业从环境友好型发展模式逐渐向生态友好型转变。

3）黄河口区域石油开采平台趋于集约化

研究区域井组平台的空间位置密度分析结果表明，近10年来，黄河口海上油气开采主要分布在埕岛片区与孤东片区，其中94%的油井平台和管线位于埕岛片区。该片区内部呈现出中心化的集中分布特征，也是新老电缆管道设施分布的集中区。一方面说明黄河口区域油气储量丰富；另一方面说明石油开发管理模式发生变化，技术不断进步和创新，由粗放型向集约型经济发展方式转变，可以降低开发成本，提高经济效益。

4）研究区域环境生态演变受海洋石油开发活动影响较小

本书收集的环境数据，大部分来源于油田集中分布区的南侧区域。通过对pH、溶解氧、化学需氧量、总氮、总磷、氨氮、亚硝酸盐、硝酸氮、磷酸盐和石油烃共10个指标的分析，黄河口生态环境演化变迁与油田建设历程之间并无显著相关关系，特别是石油烃指标10年来整体呈降低趋势。通过文献资料分析，黄河口水环境的变化主要受黄河口入海净流量的影响，农业退水排到河流中导致黄河口水体中的氮元素、磷元素的浓度偏高，工业废水的排放会导致化学需氧量指标偏高。2018年国家开展渤海综合治理攻坚战行动计划，黄河口区域生态环境治理明显改善。由于调查和文献资料有限，本书收集的数据与油田分布区有一定距离，对于油田开发活动是否会对临近海域的生态环境产生影响及影响程度如何，有待于深入量化研究。

5）研究区域海洋生物演变更多受黄河口径流影响

本书主要分析了研究区域的浮游植物、浮游动物、游泳动物、底栖动物、鱼卵共5项生物指标，其变化趋势与石油建设历程之间的关系不明显。从生物种类数量来看，调查区域的浮游植物出现明显下降趋势，鱼类生物出现了小型化现象，分析认为以上现象更多是来源于黄河口区域长期的捕捞压力和生境破坏。有关石油开发各个阶段对鱼类等海洋生物的影响，尚缺乏细化的科学研究。

5.6.2 建议

1）重视从政策角度分析石油开发活动可行性

新时期，我国大力推进生态文明建设，坚持山水林田湖草沙一体化保护和系统治理，全方位、全地域、全过程加强生态环境保护，生态文明制度体系更加健全，法律制度更加完善。近期，我国发布的《中华人民共和国湿地保护法》《国家公园法》(征求意见稿)、《中华人民共和国自然保护区条例(修订稿)》(征求意见稿)等多部法律均列出了矿产资源开发相关条款,《中华人民共和国海洋环境保护法》等多部海洋相关法律规章正在修订;2022年12月,最高人民法院发布《中国生物多样性司法保护》,提出"加强内外协调联动机制,服务以国家公园为主体的自然保护地体系建设,保障加快实施重要生态系统保护和修复重大工程",之后对生态环境保护会更加严格。建议海洋石油开发项目在立项、勘探之初,重视从生态红线等空间管理政策角度分析项目可行性,依据法律法规条款妥善处理我国海洋生态环境保护与海洋石油开发之间的冲突。

2)加强海上石油开发活动的生态环境风险防范

2022年,党的二十大报告提出要加大油气资源勘探开发和增储上产力度,海洋石油开发将成为油气资源开发的主战场。根据本报告结论,海洋石油开发各个阶段基本符合清洁生产模式,但随着集约化程度不断增加,其最大的环境风险源为溢油事件,油井平台集中分布区更甚。大面积的溢油不仅造成巨大的经济损失,而且会严重污染海洋环境,破坏海洋生态系统。因此,建议加强海洋石油安全生产意识,加大海洋石油开发技术改革与创新力度,增加油井平台与管线周边海域的环境监测,并制定应急预案,避免发生溢油事故。

3)进一步细化海洋石油开发影响研究

由于本次收集数据与油田集中分布区存在一定距离,油田建设是否对生态环境的某一项指标或某一类生物产生影响,影响程度如何,无法进行科学评判。同时,通过数据调查收集发现,关于海洋石油开发活动影响的研究,普遍缺乏量化的监测数据。黄河口区域,是渤海油气资源重要产区之一,已建立多处油井平台和管线,但作为重要的三角洲湿地生态系统,具有典型性和代表性,亟须进一步保护。目前,《中华人民共和国黄河保护法》已经发布,黄河口国家公园创建工作也正在积极推进,并纳入了部分油田探矿和采矿区域。根据现阶段政策,在黄河口国家公园核心控制区的油井平台已经采取封井措施,至于海域部分是否可以开展管线铺设等活动,有待于进一步论证。因此,亟须开展定量的海洋石油开发影响研究,在油田集中分布区开展监测和对照实验,科学分析油田建设各个阶段对周边生态环境的影响,为处理海洋石油项目中保护与开发管理的矛盾提供科学依据,也为生态红线等管控区域政策的制定提供参考。

第6章 结论和建议

6.1 结论

(1)海上油田目前水深在0~20 m,总体水深由SSW到NNE逐渐加深,为黄河三角洲水下岸坡地貌,根据水动力与海底作用分为三个地貌单元。

水下岸坡带:水深0~5 m,该区海底地形为原黄河水下三角洲顶部平原地貌单元。

过度斜坡带:水深5~15 m区域,是原水下三角洲海底坡降最大区段。

海底平原区:水深大于15 m区域,是原前三角洲沉积和浅海环境,海底坡降最小。三角洲蚀退后,该区水深基本稳定,但位置逐渐向海岸方向扩展。

(2)区域内的灾害地质类型有侵蚀正地形、侵蚀负地形、塌陷凹坑、碎屑流等,其主要诱因为局部冲刷和液化滑塌,液化滑塌的诱因主要为波浪载荷作用。在7~8 m的波浪破碎区,液化极限深度最大,10级风浪时达4.1 m,当风力小于8级时,引起的波浪不足以引起滑塌。

(3)受黄河三角洲沉积影响,1855—1976年为地貌的建造期,1976年黄河改道后进入蚀退改造期。根据其冲淤变化分为快速冲刷(1976—1986年)、缓慢冲刷(1986—2006年)和以冲刷为主的冲淤调整(2006年至今)三个阶段,目前主要特征如下。

水深4 m以浅淤积为主,但海堤近岸处局部冲刷严重。

水深4~10 m以冲刷为主,冲刷中心在7~8 m的波浪破碎区,冲刷速率约0.3 m/a,冲刷中心逐年向陆迁移。

水深10 m以深基本无冲刷。

(4)海底管道的存在,改变周围水动力环境,加剧了海底底床的冲刷,在水深7~8 m的管道区段,其水深加深量为0.2~0.3 m/a,对于区域水深有一定影响。

(5)平台桩柱的存在对埕岛海域自然地质环境影响较大。

桩柱周围存在明显冲刷,冲刷速率约0.1 m/a,存在不稳定地貌,如侵蚀洼地、蚀余凸起等。

在水深较浅的区域，桩柱的存在对埕岛海域自然地质环境影响较大，桩柱周围存在不稳定滑动现象。

在水深相对较大的区域，未发现存在海底不稳定现象。

（6）随着黄河海港建设规模加大，坝体和码头的阻挡，产生绕流和延缓作用，埕岛海域的潮流影响明显，近岸潮流变弱，减缓海底冲刷，在码头顶端两侧，海流变强，冲刷增强。

（7）在全球变暖背景下，胜利油田海域的气候特征向暖温带渐变，强台风、强风暴潮以及强对流（龙卷风等）发生的频率和强度呈逐年增加的趋势，对海上石油工程防风、防浪、抗浪标准要求变高；海冰冰情虽然存在偏轻态势，但拉尼娜和厄尔尼诺现象交替出现，导致冷、暖冬现象，时有异常偏冷冬季出现，发生较强海冰灾害。

（8）研究区域环境生态演变受海洋石油开发活动影响较小。黄河口水环境的变化主要受黄河口入海净流量的影响，农业退水排到河流中导致黄河口水体中的氮元素、磷元素的浓度偏高，工业废水的排放会导致化学需氧量指标偏高。2018年国家开展渤海综合治理攻坚战行动计划，黄河口区域生态环境治理明显改善。

（9）研究区域海洋生物演变更多受黄河口径流影响。从生物种类数量来看，调查区域的浮游植物出现明显下降趋势，鱼类生物出现了小型化现象，分析认为以上现象更多是来源于黄河口区域长期的捕捞压力和生境破坏。有关石油开发各个阶段对鱼类等海洋生物的影响，尚缺乏细化的科学研究。

6.2　问题建议

（1）目前平台设计相关的风、浪、冰等环境荷载参数，引用的资料为1993年出版的《埕岛油田勘探开发海洋环境》和2001年出版的《黄河海港海洋环境》，存在三点问题：①已过20余年，与当前气候特征存在一定差异；②数据多数经远距离气象水文站数据的推算得出，非本区域实测；③波浪设计参数仅推算至14 m水深，重现期仅推算至50年，不能满足油气开发需求。

建议：在对埕岛油田开发以来最新海洋环境数据充分整理的基础上，针对不同区域进行网格化风、浪、潮、流、冰的多年一遇设计值和校核值计算，并将重现期由50年提升至100年，水深由14 m扩展至20 m。

（2）目前海洋地质条件不稳定区、海底冲刷严重区存在监测站点不足、勘察频次不足的问题。

建议：①根据冲蚀中心(7~8 m 水深)逐步向岸迁移，10 m 以深基本无冲刷，建议分区域进行管道埋深设计。②强风暴潮后对强冲刷区管道进行海底地形地质、管道埋深悬空加密监测，如 CB352—CB351、CB35—CB35 井、中心一号—海三联、CB30—海一联等海底管道。③埕岛油田波浪破碎区增加一座波浪监测点，如 CB35 平台附近。④新北油田仅有单站点测风，建议增加一座风、浪、潮的监测点。

(3)海上油田开发以来，为了满足工程建设需求，进行了大量短期局部海底环境勘察，但由于数据质量标准不统一，没有进行系统化梳理，限制了在安全环保、规划设计等方面的科学支撑能力。

建议：针对现有的水文气象地质数据，进行质量控制，统一数据标准，建立胜利油田海域海洋水文地质数据库。